L'ARCA NELLA TEMPESTA

La crisi del pianeta Terra
nel secolo ventunesimo

Renato Massa

SOMMARIO

PREFAZIONE

Venticinque anni fa, in un momento molto diverso della mia vita e della vita economica e politica nazionale, pubblicai con Arnoldo Mondadori un libro tascabile che trattava le riflessioni relative a una mia breve, straordinaria avventura in Kenya e che fu intitolato "L'arca di smeraldo", con riferimento al nostro meraviglioso pianeta. Non fu un grande successo commerciale ma fu un saggio apprezzato da chi si occupava di ambiente. Qualche mese fa, la professoressa Annastella Gambini e il dottor Giuseppe La Marca mi chiesero perché mai non includessi anche questo titolo nel catalogo dei miei ebook su Amazon. La mia banale risposta fu che non avevo più il *file* del libro, che era esistito, sì, ma che era andato perduto nella sarabanda di computer che si erano avvicendati in mio possesso da allora. Rifare il libro in forma elettronica significava dunque ribattere tutto, parola per parola, oppure reperire qualche programma OCR (Optical Character Recognition) che fosse in grado di convertire in word un pdf oppure un jpg ottenuto mediante una normale scansione.

Dopo qualche disavventura, reperii il programma che mi serviva. Si chiamava i2OCR, funzionava online, senza che fosse necessario scaricarlo, e, cosa più importante di tutte, era completamente gratuito.

Quando, però, incominciai a usarlo, mi resi conto di due cose: primo, che al programma OCR sfuggiva forzatamente qualche errore e che quindi era necessaria un'accurata rilettura, secondo che dalla rilettura risultava evidente che alcune parti del libro, in un quarto di secolo, erano diventate obsolete o per i dati che necessitavano di essere aggiornati o addirittura per alcune circostanze che erano molto cambiate. Per esempio, il gruppo politico dei verdi era sprofondato nel nulla, il tema dell'animalismo era diventato molto più serio e più grave, il tema dell'immagine e propaganda era parimenti molto peggiorato, le speranze di pace, benessere e progresso del 1990 erano state distrutte dal capitalismo finanziario. Pertanto, era necessario rivedere tutto l'impianto del libro, aggiornare i dati demografici ed economici, riscrivere completamente alcuni capitoli. È stato esattamente ciò che ho fatto tra la fine di febbraio e la prima settimana di aprile del 2015, producendo questa nuova edizione che, mentre ricorda esattamente gli stessi eventi africani, è talmente diversa e aggiornata nei dati e nelle prospettive rispetto a quella vecchia da meritare di essere gratificata da un nuovo titolo. A tal fine mi è parso opportuno scegliere il titolo dell'ultimo capitolo dell'edizione del 1990 che purtroppo è più che mai attuale ed evocativo. Sono stati modificati in modo significativo i capitoli 7, 8, 11, 12, 13, 14, 15 e gli argomenti scelti sono ora decisamente più globali e certamente di interesse più generale di quanto non lo fossero quelli dell'edizione del 1990. Voglio ringraziare gli amici che mi hanno sollecitato ad affrontare questo lavoro, che infine mi ha gratificato molto, e voglio anche ringraziare, come sempre, anche mia moglie Cecylia che ha curato la quotidiana gestione della nostra vita e ha pazientato durante le mie quotidiane, difficili "apnee da scrittura".

R.M.

1. I MOSTRI DEL FIUME

Persa nella notte dei tempi, visse sulla Terra una genia di mostri che abitava le lande asciutte e anche le acque dolci e salate. Tra i più antichi vi furono i Pelicosauri dalla cresta dorsale alta come una vela, gli Ittiosauri a forma di delfino, i Cheloni protetti da una compatta corazza; poi vennero i Sauropterigi -dagli arti trasformati in pinne e dal lungo collo serpentino e poi ancora i multiformi Arcosauri: Pterosauri dalle ali da pipistrello, Saurischi e Ornitischi noti con il nome volgare di dinosauri e ancora Loricati, giunti fino ai nostri tempi e oggi noti con il nome di coccodrilli.
Uno di questi mostri oggi si nasconde a pochi metri da me, nelle acque fangose del fiume Mara, in Africa orientale.

Fuori, il paesaggio aperto della savana bruscamente intagliato dal fiume non lascia intuire nulla di tanto drammatico come un mostro pronto a scattare. Eppure, in questo tratto di fiume che abbiamo di fronte, in cui l'erba digrada fino all'acqua invece di interrompersi di colpo su una ripa verticale di terra, le zebre non si azzardano a guadare ma si fermano nervose sbuffando e battendo gli zoccoli sul terreno e un gruppetto di due o tre iene sdraiate aspetta pazientemente il suo momento.
Il mostro si nasconde nel fiume ed è visibile dal punto in cui io mi trovo soltanto come macchia allungata scura nelle sue acque già torbide. È lungo forse cinque metri, coperto da una impressionante corazza di grandi squame a forma di quadrangolo, e ha una testa terribile che sembra fatta soltanto per reggere due enormi mascelle munite di denti grandi e aguzzi come pugnali. Tutto questo, io non posso vederlo ma lo so ugualmente con certezza perché ho già visto molte immagini di questi mostri e anche perché il rnio cornpagno di viaggio, Ropiara Shieni di Narok, mi ha già

condotto in altri punti del fiume mostrandomi altri esemplari che prendevano il sole all'asciutto.

I mostri carnivori che vivono sul nostro pianeta, come del resto tutti gli altri animali che mangiano piante, insetti o altro, non sono né cattivi né buoni, ma il coccodrillo della specie *niloticus* che Ropiara e io abbiamo incontrato sul fiume Mara ci sembra ugualmente infido e terribile perché potrebbe uccidere con facilità chiunque si azzardasse nell'acqua, zebre, gnu e anche noi uomini. Però, il mostro in attesa di una preda si comporta né più né meno come tutti gli altri organismi che si procurano l'energia di cui hanno bisogno per vivere a spese del corpo di un altro vivente. Sul nostro pianeta sono molti gli organismi che usano questo sistema: li chiamiamo animali, noi stessi che ne facciamo parte, mentre chiamiamo piante quelli capaci di catturare e usare l'energia solare senza sacrificare altri organismi.

Sulla Terra, come in tutto l'Universo che noi conosciamo, l'energia fluisce continuamente tra un organismo e l'altro e anche tra i diversi organismi e l'ambiente che li contiene. Tutto ciò che esiste è energia. Anche la materia non vivente è energia organizzata a formare atomi e molecole, ma la materia dotata di vita è energia organizzata in modo da poter riprodurre la sua stessa organizzazione. Il coccodrillo è fatto in modo da poter trasformare in coccodrillo la zebra, lo gnu o l'uomo che cattura, così come la zebra è fatta in modo da poter trasformare in zebra l'erba e l'erba in erba l'anidride carbonica dell'aria e i sali minerali del terreno.

Gli organismi viventi sono anche dotati di proprietà singolari: non soltanto si costruiscono da sé ma costruiscono anche nuovi organismi uguali o simili a se stessi e inoltre sono, o perlomeno sembrano, fatti per un ben determinato fine, proprio come le macchine dell'uomo. Quest'ultima proprietà - ha osservato il biologo Jacques Monod nel 1970 - se veramente è tale, ci pone in un notevole imbarazzo. Infatti, l'eventuale esistenza di un fine è un concetto filosofico e non scientifico e non può essere in alcun modo dimostrata con il metodo sperimentale. Per questo motivo, fin dai tempi di Galileo, i ricercatori si sono impegnati a studiare e interpretare i fenomeni naturali soltanto nelle loro concrete connessioni causali, senza mettere di mezzo progetti che, inevitabilmente, implicano anche le "cause ultime" e cioè quelle che dovrebbero spiegare non più le semplici connessioni causali all'interno della realtà ma il significato stesso della realtà del mondo.

Un tale impegno equivale alla promessa solenne da parte degli uomini di scienza, di non tentare mai più di rifugiarsi nel mondo puramente ipotetico della metafisica e di mantenersi invece con i piedi ben saldi per terra, in quello del mondo fisico: è il ben noto "postulato di oggettività" al quale non possiamo assolutamente rinunciare se non vogliamo uscire dall'ambito stesso della scienza; d'altra parte, dice ancora Monod, è proprio la stessa oggettività che, a prima vista, ci indica che le strutture e le prestazioni degli organismi viventi sembrano fatte per realizzare ben precisi fini. Sarebbe ben difficile negare che un pesce è fatto per il nuoto, un uccello per il volo, una talpa per lo scavo di gallerie.

Come possiamo risolvere questa inquietante contraddizione?

Prima di azzardarci a considerare un sistema complesso come quello di un vivente, diamo un'occhiata a qualcosa di più semplice. Consideriamo una soluzione acquosa dalla quale si separino, in perfette forme geometriche, cristalli di sale da cucina. In soluzione, il sale non ha quella forma geometrica, anzi non è neppure sale così come noi lo conosciamo dato che i suoi componenti, gli ioni sodio e gli ioni cloro, sono circondati da molecole d'acqua e la loro disposizione nel recipiente è completamente casuale. Tuttavia, quando il sale precipita da una soluzione, gli ioni sodio e gli ioni cloro si dispongono spontaneamente in un reticolo perfettamente ordinato e il cloruro di sodio che ne risulta è organizzato in cristalli cubici tanto regolari da sembrare tagliati da un esperto gioielliere.

Possiamo dire, allora, che i cristalli di sale costituiscono la realizzazione di un progetto? In un certo senso sì, se con questo intendiamo che le stesse proprietà chimico-fisiche degli ioni sodio e cloro, per così dire, li costringano a disporsi in un certo modo ben preciso quando si verificano determinate condizioni. Dunque, ciò che sarebbe potuto sembrare un progetto, il cloruro di sodio, in realtà non è niente altro che una inevitabile conseguenza delle proprietà intrinseche della materia, della struttura degli atomi, delle molecole e degli ioni che, per motivi di contenuto energetico, si possono incastrare reciprocamente soltanto in particolari modi per andare a formare nuovi e diversi oggetti materiali omogenei, quelli che nel linguaggio scientifico sono noti come composti chimici.

Se ora tentiamo di passare dal sale da cucina al coccodrillo, la situazione si complica e i problemi si moltiplicano. Infatti, il coccodrillo è dotato di un livello di organizzazione incomparabilmente superiore a quello del sale: a prima vista, anzi, l'idea di confrontare la semplice cristallizzazione del sale con il complesso processo di sviluppo di un coccodrillo all'interno di un uovo potrebbe sembrare assolutamente ridicola.

Noi, però, sappiamo che il coccodrillo è fatto, in ultima analisi, da migliaia di composti- chimici diversi e quindi possiamo intuire che il suo sviluppo e mantenimento in vita potrebbe essere visto come la somma coordinata di migliaia o meglio di milioni di processi vagamente paragonabili alla cristallizzazione del sale da cucina. Il coccodrillo, in questa ottica molecolare, potrebbe essere definito come il luogo in cui moltissimi composti chimici trovano le condizioni adatte per venire sintetizzati e per mantenersi stabili e reciprocamente coordinati per un certo tempo.

L'intero Universo e popolato da oggetti che risultano abbastanza stabili da durare per un certo tempo e da meritare un nome: galassie, montagne, onde, bolle di sapone, cristalli di sale da cucina, piante, animali. I diversi atomi si possono raggruppare a formare molecole più o meno stabili che talvolta possono essere molto semplici, come quelle del metano o dell'acqua, ma altre volte possono anche essere molto complesse, come quelle delle proteine che costituiscono le squame, i muscoli e il sangue del coccodrillo.

Un coccodrillo, però, non è semplicemente la somma di un gran numero di molecole diverse. Se anche si conoscesse con esattezza la lista di tutte le sostanze chimiche contenute nel suo corpo e le dosi di ciascuna di esse, non sarebbe certamente sufficiente miscelare il tutto in un apposito contenitore, magari scaldando e agitando, per ottenere un mini-coccodrillo completo e funzionante. Se qualcuno fosse tanto ingenuo da tentare un simile esperimento, non riuscirebbe a sortire alcun risultato neppure ripetendolo cento, mille o un miliardo di miliardi di volte. La probabilità che tutti i composti chimici che formano un coccodrillo possano aggregarsi più o meno spontaneamente nel modo opportuno dando luogo a un singolo esemplare è talmente bassa da potersi considerare, ai fini pratici, nulla.

Dunque, se il coccodrillo esiste e se si può sviluppare quasi sotto i nostri occhi da un uovo fecondato, deve necessariamente esistere anche un programma di costruzione che ne diriga lo sviluppo. I moderni genetisti hanno scoperto che questo programma è contenuto nel nucleo dell'uovo, e precisamente nelle grosse molecole di DNA (l'acido desossi-ribo-nucleico) in una sorta di sistema che non é il caso di tentare di spiegare nei dettagli tecnici ma che, da un punto di vista concettuale, può essere perfettamente paragonato a un moderno programma da computer. Le unità elementari del DNA, i nucleotidi, sono in grado di codificare tutti i diversi amminoacidi che costituiscono le proteine, proprio come i programmi incisi su un disco magnetico codificano l'esecuzione di determinate operazioni. In questo modo, il montaggio delle complicatissime molecole delle proteine, che costituiscono le parti fondamentali degli organismi viventi, viene assicurato dalle istruzioni contenute nel DNA del nucleo della cellula-uovo di origine.

Ogni messaggio deve essere non soltanto decodificato, ma anche riprodotto in un enorme numero di copie di servizio, una per ogni cellula di ogni organismo vivente. Il procedimento di copiatura utilizza il DNA di partenza come "stampo" ed è molto rapido ed efficiente, essendo basato su "incastri" chimici pressoché automatici, del tipo di quelli che provocano la cristallizzazione del sale. Nonostante tutto, però, è inevitabile che ogni tanto venga commesso qualche errore e che venga in tal modo prodotta una molecola di DNA lievemente modificata. Non potrebbe essere diversamente perché nell'Universo non esistono sistemi che possano mantenersi indefinitamente stabili, senza essere soggetti, prima o poi, a qualche perturbazione.

La conseguente modifica del messaggio, in determinate condizioni, potrà ripercuotersi anche sulla proteina codificata in quel pezzo di DNA e quindi anche sui caratteri morfologici o funzionali che da questa proteina dipendono. Se il nuovo organismo che ne risulta è meno idoneo del precedente al suo particolare ambiente, non potrà avere successo e ben presto scomparirà; se invece è più idoneo, riuscirà a sopravvivere meglio e a riprodursi di più rispetto a quello vecchio e, a poco a poco, lo soppianterà.

Perciò, il risultato finale degli occasionali errori di trascrizione è, nel tempo, una progressiva modifica dei programmi di costruzione con il continuo varo di nuovi modelli sempre più efficienti e, fatalmente, con l'eliminazione dei vecchi modelli che non riescono più a reggere la concorrenza.
Questo sistema di messa a punto per mezzo di tentativi ed errori altro non é se non l'"evoluzione" descritta nel secolo diciannovesimo da Charles Darwin. Essa richiede tempi abbastanza lunghi ma è certamente enormemente più rapida del sistema, puramente ipotetico, del cocktail molecolare. In pochi milioni di anni, a volte addirittura in poche migliaia il gioco congiunto delle "mutazioni" e della "selezione naturale" ha prodotto coccodrilli, zebre, gnu, erbe, alberi, uomini e milioni di altri organismi diversi continuando a modificare le vecchie istruzioni e ad aggiungerne via via di nuove sul nastro di partenza del DNA. Oggi, in un tempo in cui tutti incominciamo ad apprendere almeno qualche nozione di informatica, questo gioco ci sembra assolutamente ovvio ma, fino a pochissimo tempo fa, la natura della vita e l'origine dell'uomo sono state oggetto, da parte di persone di diversa estrazione culturale, di pregiudizi di inaudita grettezza e di interventi anche scritti totalmente privi di rigore non soltanto metodologico ma anche morale.

Tutto ciò che ormai sappiamo sulla realtà del mondo vivente e anche sui possibili meccanismi dell'evoluzione ci consente di considerare tutte le forme di vita del nostro pianeta come derivate da un unico antenato ancestrale. Tutte usano essenzialmente lo stesso codice genetico, tutte si costruiscono un corpo composto in primo luogo da proteine e tutte conservano alcune incredibili somiglianze nella struttura di alcune proteine di uso universale. Ad esempio, alcune proteine "istoniche", utilizzate come "rocchetto" per l'avvolgimento del nastro di DNA, hanno quasi esattamente la stessa composizione e la stessa sequenza in amminoacidi in organismi tanto diversi quanto le alghe e gli esseri umani.

Se le alghe e gli uomini non avessero un antenato comune, un fenomeno di questo tipo sarebbe praticamente impossibile. D'altra parte, è anche vero che i diversi organismi si presentano in una sterminata varietà di forme visibili e si riproducono soltanto nell'ambito di piccole comunità chiuse che vengono chiamate *specie*. Un coccodrillo del Nilo è una specie, una zebra di Grant è un'altra specie, una zebra di Grevy è un'altra specie ancora. Le forme diverse delle varie specie di animali e di piante che popolano la Terra stanno a testimoniare che ciascuna di esse ha interessi diversi e molto spesso anche divergenti da quelli di tutte le altre. Gli interessi cominciarono a divergere ogni volta che iniziò il processo di separazione di due determinate specie, pochi milioni di anni fa nel caso dei comuni antenati delle zebre di Grant e di Grevy, centinaia di milioni di anni fa nel caso dei comuni antenati dei coccodrilli e delle zebre. Quando venne meno la possibilità di accoppiarsi, allora cessò anche la possibilità di preoccuparsi gli uni degli altri in modo gratuito e disinteressato.

Dunque, le informazioni sul modo di costruire gli organismi dovettero necessariamente incominciare a esistere prima o, al massimo, contemporaneamente ai primi organismi. Ma quando e come ebbero inizio i primi programmi, con le prime semplici informazioni di un organismo che era ancora molto lontano dall'aspetto di una cellula?

Dobbiamo risalire a più di quattro miliardi di anni fa, quando l'atmosfera del nostro pianeta era molto diversa da quella di oggi e conteneva, tra l'altro, metano, ammoniaca, anidride carbonica e acqua. Da alcuni decenni, i chimici si sono sforzati di simulare in laboratorio le condizioni di quei lontani tempi: hanno miscelato quei quattro fluidi in varie proporzioni e li hanno sottoposti all'azione di varie sorgenti di energia che esistevano anche a quei tempi: calore, scariche elettriche e raggi ultravioletti. Dopo poche settimane di questi trattamenti, nei recipienti di reazione furono trovate tracce di amminoacidi e di basi azotate, i componenti rispettivamente delle proteine e degli acidi nucleici.

Se le basi azotate poterono formarsi nello scenario della Terra primigenia come prodotto di reazione di comunissimi e semplicissimi gas, é anche concepibile che esse abbiano potuto combinarsi con altri composti chimici che si andavano formando in natura, zuccheri e acido fosforico, per formare i primi nucleotidi e cioè le unità molecolari che, unite in serie a formare una catena, danno luogo al DNA.

Su un pianeta ancora del tutto privo di vita, la persistenza di ogni composto chimico che casualmente si formava dipendeva soltanto dalla sua intrinseca stabilità. Non esistevano ancora organismi capaci di spaccare le molecole a loro piacimento per inglobarle nella propria struttura oppure per usarle come combustibile adatto a produrre energia. Negli oceani primordiali poterono perciò accumularsi nucleotidi e altre sostanze chimiche e in alcune zone, per esempio nelle basse acque di alcune spiagge, poterono anche concentrarsi rendendo più probabile l'innesco di nuove reazioni con la formazione di nuovi prodotti. Poi, i nucleotidi si legarono l'uno con l'altro a catena e, per la prima volta, si formò una molecola di acido nucleico, che era dotata di una caratteristica assolutamente singolare: riusciva a formare copie di se stessa utilizzando la sua stessa struttura come stampo di riferimento. Possiamo pensare a questa molecola come a una specie di primitivo acido nucleico che, per replicarsi, non utilizzava ancora i catalizzatori di tipo proteico (gli enzimi) che oggi sono a disposizione dei moderni acidi nucleici; oggi, in un regime di spietata concorrenza di innumerevoli organismi diversi, nessuna molecola di DNA o di RNA potrebbe seriamente tentare di replicarsi senza l'aiuto degli enzimi: semplicemente, verrebbe mangiata prima di riuscire a completare il suo patetico tentativo. A quei tempi, però, gli enzimi e i predatori non esistevano ancora e le primitive molecole di acidi nucleici avevano a disposizione tutto il tempo necessario per potersi replicate con sistemi del tutto artigianali, senza pericolo di finire in pasto a un vorace fungo o batterio.

Per essere più precisi bisogna aggiungere che, a quei tempi, il pericolo di venire mangiati doveva già esistere ma che la minaccia non proveniva ancora dai veloci e inesorabili organismi viventi, ma da goffe e lente molecole di primitivo acido nucleico concorrente che avevano bisogno di materiale chimico per potersi replicare e cercavano di procurarselo senza dovere spendere troppa energia, smontando altre molecole della loro stessa natura. In questo modo riuscivano a trovare già nucleotidi belli e pronti e l'unica operazione che dovevano mettere in atto era quella di riorganizzarli con una sequenza diversa.

Questa sottrazione reciproca di pezzi che venivano inglobati e messi al servizio di un programma diverso dovette divenire un evento molto comune e, per forza di cose, la selezione naturale dovette favorire le catene di acido nucleico 'che riuscivano a effettuarla con maggiore efficienza. Ben presto fu chiaro che, per ottenere il successo, era necessario disporre di strumenti per spaccare le molecole altrui, per utilizzare rapidamente i pezzi risultanti prima che venissero sottratti da qualche altra molecola replicante, per difendere la propria struttura chimica dai possibili attacchi di altri replicanti di tipo avanzato. In altre parole, era necessario disporre di *corpi*: proteine di tipo enzimatico da utilizzare come armi di offesa, altre proteine di tipo strutturale da utilizzare come sistemi di difesa. Per costruire le proteine, però, era necessario mettere a punto una complessa macchina di trasferimento dell'informazione dalla sequenza delle basi azotate degli acidi nucleici a quella degli amminoacidi nelle proteine, in altre parole un sistema di biosintesi proteica più o meno simile a quello attuale.

Certamente, ci volle un tempo lunghissimo per compiere i primi passi in quella impegnativa direzione ma, una volta imboccata la strada, la corsa verso sistemi di offesa e di difesa sempre più elaborati proseguì senza sosta e i risultati furono sempre più simili a capsidi, organelli, cellule, organismi viventi. I catalizzatori divennero sempre più efficienti e le relative operazioni sempre più rapide, furono innalzate membrane da utilizzare come barriere, furono realizzate strutture accessorie capaci di raggruppare le diverse unità delimitate da ogni membrana, furono messi a punto sistemi di immagazzinaggio dell'energia e poi anche centrali di coordinamento motorio generale o, in alternativa, raffinati sistemi chimici capaci di sintetizzare le sostanze necessarie per la replicazione usando materiale inorganico raccolto nell'aria o nell'acqua.

La lenta ma costante azione delle mutazioni che, in ogni organismo, venivano accettate o respinte a seconda della loro coerenza con un particolare disegno di replicazione del proprio acido nucleico, consentì una moltiplicazione sempre più rapida delle originarie catene replicanti che, nel frattempo, per potere contenere i programmi necessari alle nuove esigenze, erano diventate sempre più lunghe e sempre più complicate.

Il resto è storia dell'ultimo miliardo di anni: le "macchine di sopravvivenza" delle catene di acido nucleico, come le definisce Richard Dawkins, si organizzarono in batteri, protisti piante, funghi e animali, differenziarono in modo sempre più netto le loro rispettive strategie di replicazione, crebbero e si moltiplicarono dapprima soltanto nelle acque degli oceani in fitte colonie di alghe gialle, rosse, verdi e brune in brulicanti protozoi e incrostanti poriferi, pulsanti celenterati e ctenofori dal corpo trasparente e decorato di effimeri pizzi, nastriformi platelminti ripieni di cellule e connettivo come pneumatici senza camera d'aria, tubolari nematodi gonfi di acqua, cingolati anellidi già costruiti con avanzate tecnologie modulari, carnosi molluschi costruttorj di conchiglie a morsa e a spirale, papillosi echinodermi dall'aspetto multiforme di ricci, oloturie, stelle e gigli di mare, e poi ancora pesci muniti non soltanto di una spina dorsale ma anche di una corazza esterna. Poi, tra i cinquecento e i quattrocento milioni di anni fa, iniziò anche la colonizzazione delle terre emerse: alghe e funghi che si associarono anche in policromi licheni, soffici muschi che ricoprirono le rocce e il terreno, piumose felci che formarono fitte foreste senza fiori e poi ancora svettanti gimnosperme dalle foglie a forma di ventagli o di aghi, corazzati artropodi che dapprima trovarono rifugio nel terreno umido in forma di onischi e di millepiedi, poi misero anche le ali e, in forma esapode di insetti, dilagarono al seguito delle nuovissime piante a fiore e invasero ogni angolo del mondo. Dalle acque dolci emersero anche i vertebrati, dapprima in forma di goffi anfibi, poi di agili e possenti rettili, aerei uccelli e odorosi mammiferi. Crebbero, gli organismi viventi e si moltiplicarono come cristalli di sale in una soluzione satura, elaborando strumenti altamente raffinati per replicarsi e difendersi, strumenti dotati di foglie, semi, zanne, ali o altro che ricoprirono il mondo, lottarono senza sosta tra loro e per milioni di anni sembrarono essi stessi soggetti della propria esistenza invece che oggetti destinati alla strategia di conservazione dei loro stessi programmi di costruzione.

Tutto questo io non lo sto pensando in modo esplicito, ma lo agito nelle mie sensazioni mentre, dal finestrino dell'auto su cui mi trovo, fisso come affascinato la macchia oblunga del coccodrillo nascosto sotto il pelo dell'acqua fangosa del fiume Mara. Mi viene in mente, allora, che i veri mostri non sono quei giganteschi rettili acquatici che, a ben pensarci, vengono da tempi che non sono neppure tanto lontani e sono capaci soltanto di azioni di portata molto limitata. I veri mostri, capaci di plasmare le molecole in un numero sterminato di forme e di prestazioni diverse, sono quelle invisibili catene elicoidali di acido nucleico, fatte di zucchero, acido fosforico e basi azotate in fila a milioni e miliardi, quegli inconsapevoli progetti capaci di fare emergere dalla materia le sue inaspettate proprietà, la sua incredibile bellezza, la sua inquietante intelligenza.

Se mi soffermo su questi pensieri, a poco a poco mi rendo anche conto di alcune inevitabili conseguenze di questo stato di cose: innanzi tutto, che la savana che sto percorrendo, con tutti i suoi animali, i suoi alberi e le sue erbe, costituisce la temporanea manifestazione esterna di un equilibrio dinamico tra programmi diversi che cercano di replicarsi nel numero più elevato possibile di copie e, a questo scopo, si sforzano in ogni modo di accaparrarsi risorse, l'uno a spese dell'altro. Temporanea, perché i programmi non sono e non possono essere stabili nel tempo e anzi cambiano con una rapidità straordinaria sconvolgendo continuamente gli equilibri appena instaurati. Il tutto è come una interminabile sequenza di cui noi vediamo, nel corso della nostra vita, pochissimi fotogrammi che ci sembrano tutti uguali, così come la superficie della Terra ci sembra piatta e non sferica finché non la osserviamo dallo spazio. Poi, che l'equilibrio che si instaura tra tutti gli organismi prodotti dai diversi programmi dipende da tante e tali variabili da risultare straordinariamente mutevole non solo nel tempo ma anche nello spazio. Se un fiume africano è popolato da numerosi coccodrilli e un altro è vuoto o quasi, la differenza può dipendere da molti motivi diversi e non sempre è possibile identificare a prima vista quello più importante. Talvolta, si può anche affermare che in uno o in entrambi i fiumi l'equilibrio "è stato rotto", purché non si dimentichi che le rotture degli equilibri sono eventi quotidiani nel mondo della natura e che, non appena un equilibrio viene rotto, esso tende a venire sostituito da un nuovo equilibrio che potrà essere più o meno desiderabile per noi ma che, in sé e per sé, non ha nulla che possa essere definito buono o cattivo. Infine, che ai nostri sensi urnani, forse a causa degli ambienti in cui abbiamo vissuto nel corso della nostra storia evolutiva, molti degli organismi viventi si presentano con un'immagine capace di evocare sensazioni gradevoli di una certa forza e persistenza. Soprattutto per questo motivo noi ci preoccupiamo in modo particolare del loro destino nel futuro a breve e medio termine.

È bello coltivare queste nostre attitudini estetiche, ma non possiamo lasciarci trascinare da esse fino al punto di illuderci che esista una possibilità di immortalità per qualsiasi organismo. In futuro, tutti i coccodrilli, le zebre, gli gnu e gli uomini scompariranno, dovranno necessariamente scomparire così come sono già scomparsi i dinosauri e, prima di essi, moltissimi altri animali e piante. Ogni specie è una espressione contingente di una interazione dinamica che può durare soltanto per un tempo finito. Dunque, se noi salviamo il coccodrillo, il panda, la tigre o la foca monaca, li salviamo soltanto nel senso che ritardiamo di qualche tempo, si tratti di anni, secoli o millenni, la loro definitiva scomparsa. Ai fini pratici, quando operiamo per la conservazione di specie in pericolo, ci comportiamo come i medici che tentano di strappare a una morte prematura uomini e donne che restano pur sempre mortali.

Dobbiamo anche riconoscere che, dal punto di vista estetico e culturale, non tutte le estinzioni hanno lo stesso valore e la stessa importanza per noi esseri umani. Nella nostra ottica di animali specializzati nella conoscenza, alcune estinzioni risultano molto più drammatiche di altre perché riguardano organismi dalle caratteristiche particolarmente originali. Se dal fiume Mara e da tutti gli altri fiumi africani dovessero scomparire tutti i coccodrilli della specie *niloticus*, sulla Terra rimarrebbero pur sempre altre specie dello stesso genere, per esempio il coccodrillo marino, il coccodrillo palustre, il coccodrillo siamese, il coccodrillo della Nuova Guinea. Certo, la scomparsa del coccodrillo del Nilo sarebbe un evento molto triste dal punto di vista naturalistico, ma chi volesse farsi un'idea delle caratteristiche generali di un coccodrillo avrebbe ancora ben precisi punti di riferimento in molti altri animali viventi.

Molto più grave sarebbe la situazione se non soltanto il coccodrillo del Nilo, ma anche tutti gli altri coccodrilli e magari anche i caimani, gli alligatori e i gaviali scomparissero definitivamente dalla faccia della Terra. In tal caso, un intero ordine di rettili si estinguerebbe lasciando dietro di sé soltanto tracce più o meno vaghe: ossa, pelli, impronte e magari qualche ripresa fotografica e cinematografica. Nessuno zoologo potrebbe mai più studiare il comportamento di un coccodrillo e i suoi rapporti con l'ambiente, nessun fotografo potrebbe mai più scattare nuove immagini, nessun viaggiatore potrebbe mai più provare una emozione intensa come quella che io oggi provo osservando quella macchia oblunga sotto il pelo dell'acqua mentre me ne sto seduto all'interno di una automobile a quattro ruote motrici sulle rive del fiume Mara.

Le zebre non hanno osato tentare il guado e ora tornano indietro e si incamminano insieme verso la collina. Forse hanno intravisto il coccodrillo, forse no, ma allora debbono essersi ugualmente insospettite notando le iene e l'automobile in paziente attesa.
È ora di andare. Fra poco, anche il mostro visibile scomparirà nel fango e non resterà più nulla a trattenerci qui. Lo sta pensando anche il mio compagno di viaggio Ropiara Shieni che infatti mi si rivolge e dice: «*They are going. It is better to go we too*».
Faccio cenno di sì e, mentre l'auto si muove, immergo il mio sguardo nella sconfinata savana e i miei pensieri nel sogno a occhi aperti che ho appena iniziato.

2. A NOSTRA IMMAGINE E SOMIGLIANZA

La pista penetra nel cuore della prateria aprendosi un varco di terra rossa tra le erbe secche. Abbiamo lasciato le colline alle nostre spalle e ora scendiamo verso la valle piatta e aperta di un affluente minore del Mara di cui le carte non riportano neppure il nome. Da lontano, il nastro verde delle acacie che accompagna il ruscello lungo il suo percorso, si presenta con un aspetto puramente geografico che però si può già intuire come disponibile anche per altre letture. Poi, intorno a noi emergono i grandi tronchi gialli della foresta a galleria e la nostra auto rallenta. Dopo qualche centinaio di metri, alberi e arbusti ci circondano da ogni lato e ci offrono ombra e silenzio. Dallo spazio erboso tra terra, acqua e tronchi, emerge e si delinea con contorni sempre più netti un popolo dalle mani abili e dagli occhi penetranti. Sono, in tutto, una ventina, seduti in circolo attorno a una pozza d'acqua. I più grandi hanno il pelo folto, il muso più lungo, l'espressione più dura e impassibile e non voltano neppure la testa verso di noi; quelli di taglia intermedia e di struttura più gracile ci scrutano a tratti con una certa apprensione mentre proseguono nella loro paziente e rapida raccolta di steli; i più piccoli continuano i loro giochi senza curarsi affatto della nostra presenza.

Di colpo, la tribù di babbuini che mi è capitata per la prima volta dinanzi agli occhi mi evoca immagini confuse, sospese tra le fantasie di un immaginario mondo alternativo e i ricordi biologici dei primi passi del nostro cammino di uomini. Allora, le scimmie si stemperano nell'ombra delle acacie e la scena si sposta a un lontano giorno terrestre, all'inizio dell'era Terziaria.

I grandi mostri coperti di squame erano appena scomparsi quando, settanta milioni di anni fa, ogni angolo della Terra incominciò a popolarsi di animali coperti di pelo.

Tra di essi, ben presto emersero i Primati, una genia di acrobati capaci di vivere nello spazio a tre dimensioni della chioma delle foreste. I più antichi erano notturni, avevano due grandi occhi situati in posizione frontale e anche un naso umido dotato di vibrisse come quelle dei gatti, un raffinato strumento olfattivo che fu completamente abbandonato con il passaggio dalla vita notturna di Lemuri a quella diurna di Scimmie; vennero invece perfezionate le dita prensili con pollice opponibile che consentivano non soltanto di impugnare saldamente i rami invece di aggrapparvisi con le unghie, ma anche di afferrare con precisione gli oggetti commestibili.

Contemporaneamente al declino dell'olfatto, le scimmie andarono sviluppando una vista di primissimo ordine, decisamente insolita nella classe dei Mammiferi: divennero capaci di vedere il mondo a colori discriminando tutte le lunghezze d'onda del cosiddetto spettro visibile, cosa utilissima per chi vive di frutta che cambia di colore man mano che matura.

Una quarantina di milioni di anni fa, nel periodo noto come Oligocene, le scimmie si erano già differenziate nei due gruppi attuali delle Platirrine e Catarrine: le prime, a naso piatto e con quarantaquattro denti, oggi popolano le foreste dell'America centrale e meridionale; le seconde, a naso allungato e con trentadue denti, vivono nelle terre calde del Vecchio Mondo.

Tra le Platirrine, un'importante tendenza evolutiva fu quella verso la progressiva riduzione della taglia che favoriva la possibilità di movimento tra i rami più sottili della chioma. Su questa linea ebbe origine l'attuale famiglia dei Callitricidi, minuscole e deliziose scimmiette che, in media, non superano il peso di un paio di etti e, in alcuni casi, sono anche più piccole e più leggere di un comune scoiattolo.

Tra le Catarrine, invece, una simile strategia non venne mai messa in atto e la. tendenza prevalente fu piuttosto per un aumento di taglia. Evidentemente, negli ambienti del Vecchio Mondo, chi sceglieva una vita arboricola doveva fronteggiare problemi alquanto diversi da quelli del

Nuovo Mondo e quindi, ciò che era vantaggioso in Sudamerica non lo era necessariamente in Africa o in Asia. Il risultato pratico fu che anche oggi, tra le scimmie Catarrine, nessuna specie pesa meno di due o tre chilogrammi e molte specie superano i dieci o addirittura i venti chilogrammi.

Quando si conduce una vita prevalentemente terrestre, come fanno i babbuini, le amadriadi e i mandrilli, la grande taglia non comporta grossi problemi; se invece si continua a vivere sugli alberi, come fanno i cercopitechi africani o gli entelli asiatici, aumentando di peso bisogna fare attenzione alla robustezza dei rami su cui ci si muove.

Molti anni fa, durante un viaggio attraverso una foresta dell'India del nord, la mia attenzione venne attirata da un impressionante movimento a bandiera di alcuni rami di alberi al lato della strada: i responsabili erano alcuni entelli che saltavano da un ramo all'altro reggendosi su tutte e quattro le zampe, con una tecnica analoga a quella degli scoiattoli ma con un effetto enormemente amplificato dai loro dieci o quindici chili di peso. Su una simile strada non si poteva certamente andare molto lontano. Una trentina di milioni di anni fa, un gruppo di scimmie del Vecchio Mondo si trovò ad affrontare il problema della compatibilità tra vita arboricola e grande taglia. La loro strategia fu quella di adottare un comportamento prudente e misurato in ogni movimento: basta con i salti e con le acrobazie su quattro zampe; meglio muoversi rimanendo sempre appesi a un grosso ramo e cercando via via un nuovo appiglio che fosse raggiungibile allungando semplicemente un braccio. In tal modo, si finiva per procedere a mo' di Tarzan, stando appesi per le braccia e mantenendo il corpo in posizione verticale invece che orizzontale. Questa strategia locomotoria, nota con il nome di *brachiazione*, comportò conseguenze pratiche di grande importanza.

In primo luogo, la lunga coda che, fino a quel momento, era stata utilizzata a mo' di timone e talora (nelle Platirrine) di quinto arto prensile nei temerari salti da un ramo all'a1tro, risultava ormai non solo inutile ma addirittura ingombrante. Era decisamente meglio eliminarla del tutto, tanto più che i resti delle relative vertebre, fusi insieme e piegati in avanti a formare il coccige, potevano essere utilizzati come sostegno ausiliario per il sacco dei visceri che ormai pesava sul bacino invece che sui muscoli addominali.

In secondo luogo, tutto l'assetto corporeo poteva, anzi doveva essere modificato per facilitare i movimenti nella nuova situazione. Tutte le articolazioni continuarono a snodarsi sempre di più, le cosce divennero tanto estensibili all'indietro da dare la possibilità di allineare i femori al tronco, le braccia incominciarono a ruotare sempre di più facendo perno sulle spalle, favorite anche dal radicale cambiamento del senso di compressione della cassa toracica, non più laterale ma frontale.

In definitiva, l'assetto del corpo fu radicalmente ristrutturato e divenne adatto a una sorta di "stazione eretta in posizione appesa" analoga a quella che ancora oggi viene praticata dall'orango e dai gibboni.

Una ventina di milioni di anni fa, intorno alla metà del Miocene, nelle foreste africane erano ormai molto diffuse varie specie di grosse scimmie "brachiatrici", note oggi con il nome di driopitechi (*Dryopithecus*). Avevano all'incirca la taglia di un attuale scimpanzé e un aspetto esteriore che, in alcune specie, era da scimpanzé, in altre piuttosto da gorilla. Questi Primati - dicono gli specialisti - forse non furono davvero i nostri ultimi antenati a vita arboricola ma a questi dovettero certamente essere molto vicini e molto simili.

Pochi milioni di anni dopo, in un periodo che si può situare alla fine del Miocene (14 milioni di anni fa), in Asia e Africa visse un altro genere di famosi Primati, quello dei ramapitechi (*Ramapithecus*). Erano alti circa un metro, pesavano non più di 15-20 chilogrammi e avevano un aspetto non molto diverso da quello di un piccolo scimpanzé; tuttavia erano già dotati di una dentatura molto più simile alla nostra, con arcate a forma di ferro di cavallo, dotate di canini piccoli e praticamente prive di spazi vuoti tra un dente e l'altro. Vivevano, a quanto pare, nelle radure acquitrinose adiacenti ai fiumi e ai laghi. Possiamo facilmente immaginare che, a terra, si sollevassero abbastanza spesso diritti in piedi proprio come fanno oggi gli scimpanzé, e che magari si muovessero anche per brevi tratti stando diritti sulle zampe posteriori; comunque, i preadattamenti raggiunti in qualità di brachiatori furono determinanti sul loro futuro: anche i babbuini, infatti, sono discendenti di scimmie arboricole che si spostarono a vivere sul terreno, ma i loro antenati non erano mai stati brachiatori ed erano ancora dotati di una tipica struttura da scimmie munite di coda; perciò, anche quando tornarono sul terreno, essi continuarono a muoversi con naturalezza su quattro zampe.

Se si cammina su due sole zampe si è inevitabilmente meno stabili e meno veloci che su quattro. Pertanto, per compensare gli inconvenienti di una simile scelta, bisogna riuscire a ricavare qualche vantaggio dagli arti anteriori rimasti liberi: molto tempo prima, gli uccelli li avevano trasformati in ali; i primi Ominidi puntarono invece sulla migliore utilizzazione delle loro mani dotate di pollice opponibile.

Nell'uno e nell'altro caso, la nuova situazione risultò decisamente vantaggiosa. Quando discesero dagli alberi e iniziarono a vivere in ambienti aperti come quello di savana, sull'altopiano dell'Africa orientale, i primi Ominidi si trovarono a fronteggiare enormi problemi: in quelle distese aperte abbondavano i predatori e scarseggiava invece la frutta e cioé proprio il tipo di cibo vegetale che, per milioni di anni, era stato la base della dieta dei loro antenati.

Le possibilità di scelta non erano molte: o cambiare tipo di dieta e trovare anche il modo di evitare i predatori oppure soccombere. Certamente, qualcuno andò incontro a questo fatale destino mentre qualcun altro si ritirava nei recessi delle foreste, l'antico Paradiso terrestre. Altri, però, si adattarono al nuovo ambiente: potevano alzarsi in piedi per stare in guardia e potevano muoversi sulle sole gambe mantenendo le mani libere. Fin dai primi tempi, comunque, si dedicarono alla cattura di piccoli animali, come fanno oggi gli scimpanzé di savana che insidiano e uccidono giovani antilopi, babbuini, colobi o altri animali.

Dopo la comparsa del ramapiteco dovette accadere qualcosa che favorì sempre di più la stazione eretta e il progressivo aumento di dimensioni. Con le mani sempre libere è possibile correre portandosi appresso gli oggetti più diversi, e le madri erano facilitate quando si muovevano rapidamente con i loro piccoli. Tutti i Primati portano con sé i loro piccoli e le femmine di scimpanzé vengono spesso osservate mentre camminavano su tre zampe usando la quarta per reggere il loro neonato. Qualcosa del genere dovette senz'altro accadere al tempo dei ramapitechi; in ogni caso, il risultato finale del lungo cammino verso il bipedalismo fu la comparsa degli australopitechi, vissuti nell'Africa australe e forse anche altrove da sei milioni e mezzo fino circa un milione di anni fa. Avevano raggiunto una statura di poco inferiore a un metro e mezzo e un peso di una quarantina di chilogrammi e si muovevano ormai perfettamente in posizione eretta; la testa, però, era decisamente simile a quella di uno scimpanzé, con grandi mascelle dotate di forti muscoli masticatori e un cervello di quasi 500 centimetri cubici, pressappoco analogo a quello dello scimpanzé che, tra l'altro, ha anche all'incirca la stessa taglia e lo stesso peso corporeo.

L'australopiteco è quanto di meglio avrebbero potuto desiderare i vecchi paleontologi che sognavano di trovare un clamoroso uomo-scimmia. Tuttavia, contrariamente a ciò che essi si aspettavano, il nostro antenato non aveva un modo di camminare mezzo eretto e un cervello mezzo umano: camminava ben diritto in piedi, praticamente come noi, e d'altra parte il suo cervello era decisamente "da scimmia".

Dunque, in un primo tempo, forse da quattordici a otto milioni di anni fa, i nostri antenati si rizzarono in piedi e solo molto più tardi, a partire da tre milioni di anni fa, grazie alle loro mani sempre disponibili, ebbero anche l'opportunità di diventare, da scimmie bipedi, anche scimmie geniali (per la tecnologia).

Oggi, nei musei di storia naturale sono conservate molte calotte craniche, mascelle e altri reperti che testimoniano le tappe di questa lunga storia. Dopo l'australopiteco venne *Homo habilis*, poi *Homo erectus* e poi ancora *Homo sapiens*: in tre milioni di anni, il volume del cranio continuò ad aumentare mentre le dimensioni delle arcate dentarie e degli stessi denti diminuivano sensibilmente. Beninteso, ciò che accadde non fu una sequenza lineare di eventi, ma piuttosto un complesso intreccio con rami collaterali isolati, popolazioni arcaiche attardate accanto a forme più recenti e così via.

Tutti i Primati oggi viventi, salvo rarissime eccezioni, sono animali sociali e tutta la documentazione fossile di cui disponiamo ci suggerisce l'immagine di uomini-scimmia che vivevano in gruppo. Tra i mammiferi e gli uccelli, i vantaggi della vita di gruppo riguardano sia la possibilità di mantenere un continuo servizio di sorveglianza anti-predatori, sia la possibilità di cooperare per procurarsi il cibo. Tuttavia, la cooperazione risulta conveniente solo se il cibo ottenuto é abbastanza abbondante da consentire una suddivisione accettabile per tutti.

In un ambiente di savana, una risorsa abbondante e soddisfacente sotto questo punto di vista e costituita dai grossi animali erbivori. Grazie alla cooperazione, molti carnivori della savana come i leoni, le iene e i licaoni riescono a catturare animali di grandi dimensioni, le iene, che sono molto più piccole dei leoni, riescono a difendere e anche a sottrarre prede a leonesse isolate e i licaoni, che sono più piccoli delle iene, riescono a tenere lontano qualsiasi altro animale dalle proprie prede.

Alcuni milioni di anni fa, in questa dura competizione entrarono anche i nostri antenati che, per mezzo di azioni di gruppo, riuscivano a sottrarre pezzi di carcasse a diversi predatori. I gruppi che ottenevano maggior successo nel procurarsi il cibo erano proprio quelli dotati di una migliore organizzazione, cioè di una migliore capacita di sviluppare, comunicare e gestire piani di caccia più elaborati ed efficienti: erano i gruppi che andavano sviluppando un linguaggio, grazie a un cervello capace di prestazioni sempre più elevate.

Per poter utilizzare in modo adeguato le nuove capacità del cervello, diventava però necessario allungare di conseguenza il periodo di apprendistato, cioè l'infanzia. Nella nostra specie, in effetti, la maturità sessuale sopravviene oggi a 12-13 anni contro i 6-7 dello scimpanzé. E tuttavia, nessun animale potrebbe permettersi una lunga infanzia se i genitori non avessero cura di lui. Tra i Primati, la madre deve tenere il figlio sempre con sé rassicurandolo e istruendolo; inoltre, nel caso specifico di un Primate che si procuri il cibo per mezzo della caccia di gruppo, e molto verosimile che i padri debbano sempre portare a casa una quantità adeguata di cibo anche per le madri che non hanno la possibilità di cacciare.

Ben pochi padri, però, sarebbero tanto generosi (o tanto sciocchi, a seconda dei punti di vista) da aver cura del figli di un altro e di una compagna fedifraga. Tra i primi Ominidi, perciò, la sopravvivenza dei piccoli dovette essere garantita dalla stabilità della famiglia e quest'ultima da un vero e proprio rivolgimento socio-sessuale.

In generale, le femmine dei mammiferi diventano sessualmente recettive soltanto per alcuni giorni nel corso di ciascun ciclo e non accettano corteggiamenti di sorta in altri periodi. In molte specie di scimmie, la recettività viene segnalata da un caratteristico cambiamento di colore della pelle intorno ai genitali che diventa rosa intenso, rossa o anche bluastra. Nella femmina di scimpanzé, tale situazione si protrae, in media, per circa dieci giorni che, di solito, sono situati a cavallo del periodo dell'ovulazione, tra una mestruazione e l'altra (la durata del ciclo mestruale nello scimpanzé è di cinque settimane circa). Tuttavia, i ricercatori che hanno osservato il comportamento in natura degli scimpanzé, hanno notato che alcune femmine diventano recettive con ritmi decisamente poco regolari. Jane Goodall, nel corso dei suoi studi in Tanzania, notò che a un calore di una decina di giorni ne poteva seguire un altro di circa tre settimane dopo un breve intervallo e che d'altro canto, dopo una gravidanza e il relativo periodo di allattamento, si poteva ancora avere un lungo periodo di totale mancanza di recettività.

Naturalmente, non sappiamo e non potremo mai sapere nulla di certo sulla vita sessuale dell'australopiteco. Possiamo però constatare, anche nella vita di ogni giorno, che nella nostra specie la recettività della femmina è diventata praticamente imprevedibile, svincolandosi del tutto dal periodo dell'ovu1azione e non venendo più segnalata in alcun modo da cambiamenti di colore della pelle. In opportune condizioni, la recettività può essere invece indotta per mezzo di un corteggiamento visivo, auditivo e tattile che può anche essere relativamente lungo e complicato. Inoltre, la sessualità femminile della nostra specie risulta anche "amplificata" rispetto a quella degli altri Primati, grazie alla comparsa di un vero e proprio orgasmo, un fenomeno che non si verifica in nessun'altra femmina di Primate.

Cosa è è accaduto? Il principale vantaggio pratico di una serie di modifiche tanto importanti potrebbe essere stato quello di nascondere lo stato di recettività femminile e quindi di evitare che una stessa femmina si potesse accoppiare facilmente con più maschi, favorendo invece non soltanto la stabilità ma anche una relativa esclusività dei rapporti socio-sessuali. In un sistema in cui il maschio procura il cibo necessario per la sopravvivenza della sua progenie, c'è da attendersi che la selezione naturale favorisca la certezza, o almeno l'elevata probabilità, della paternità. Un maschio che non si curasse di questo particolare lascerebbe certamente dietro di sé una progenie molto più scarsa di un altro che invece vi facesse attenzione. Di conseguenza, il comportamento del maschio "non geloso" non avrebbe molte possibilità di venire ereditato e non si diffonderebbe all'interno della popolazione.

Dunque, la fisiologia e il comportamento riproduttivo della femmina umana hanno seguito e assecondato la gelosia e anche il continuo desiderio sessuale del maschio. In compenso, alcuni aspetti della morfologia del maschio hanno seguito e assecondato le nuove esigenze della sessualità femminile. L'organo copulatore maschile che è stato sviluppato nel corso della evoluzione verso la specie umana ha dimensioni superiori a quello di qualsiasi altro Primate non soltanto in termini relativi, ma anche assoluti. Si tratta, dunque, di una struttura particolare, che viene a fare da contrappunto al fenomeno nuovo e altrettanto particolare dell'erotismo femminile.

Si può dire, dunque, che una delle caratteristiche salienti della nostra specie sia una sessualità a forte contenuto sociale e non soltanto riproduttivo. A questa sono legate anche la famiglia e la scuola che hanno avuto origine con le origini stesse dell'uomo.

Non si può dire con certezza se le famiglie dei primi uomini fossero di tipo monogamico oppure poliginico; l'ipotesi più probabile sembra essere la seconda dato che, in generale, nelle specie monogamiche i due sessi sono simili mentre in quelle poliginiche si ha un dimorfismo sessuale più o meno accentuato. Nella specie umana, ci si ritrova evidentemente in questo secondo caso dato che il peso della femmina è, mediamente, del 20-25% inferiore a quello del maschio e anche la sua peluria e la sua distribuzione del grasso presentano differenze notevoli rispetto alla situazione maschile.

Tra i parenti più stretti dell'uomo, i gibboni non presentano dimorfismo sessuale e sono monogamici mentre i gorilla presentano un dimorfismo estremo e sono poliginici; gli scimpanzé, invece, presentano un moderato dimorfismo sessuale e hanno un singolare sistema socio-sessuale di tipo promiscuo su cui vale la pena di spendere qualche parola.

Quando una femmina di scimpanzé va in calore, essa viene seguita continuamente da un codazzo di maschi adulti che, secondo quanto ha osservato Jane Goodall, riescono quasi tutti ad accoppiarsi a turno con lei. Né la Goodall né i suoi collaboratori osservarono mai alcun combattimento tra maschi in queste delicate circostanze; solo una volta, durante un accoppiamento, uno dei maschi in attesa mostrò segni di impazienza, ma si limitò a fare ondeggiare un grosso ramo la cui parte terminale andava a battere sul capo del suo rivale. Quest'ultimo, comunque, non si lasciò intimidire e continuò nel suo accoppiamento.

Un simile sistema socio-sessuale, caratterizzato da una elevata tolleranza nei confronti dei rivali, risulta praticabile nel caso degli scimpanzé per il semplice motivo che nessun maschio contribuisce in modo determinante alle cure dei piccoli o al mantenimento della femmina e quindi non ha molto da perdere da una mancata paternità. Tra gli scimpanzé, la inevitabile competizione per la paternità che si ha in tutte le specie di animali, è stata semplicemente trasferita dal livello degli individui a quello degli spermatozoi: ciascun maschio cercherà di diventare padre accoppiandosi più spesso degli altri e depositando una maggiore quantità di sperma nel tratto sessuale della femmina.

Come conseguenza di questa situazione, gli scimpanzé sono dotati di testicoli molto più grossi di quelli umani. Sono i testicoli, infatti, che producono gli sperrnatozoi e quanto più grossi essi sono, tanto maggiore diventa la produzione di questi ultimi. È un sistema "alternativo" che si e potuto affermare per la sua perfetta coerenza interna.

Gli scimpanzé sono animali molto intelligenti e anche molto simili a noi: i genetisti hanno accertato che i geni in comune tra le nostre due specie sono addirittura il 99%, con una differenza addirittura minore di quella che c'è tra due specie di uccelli cosiddette "sorelle" (e praticamente indistinguibili a prima vista) come luì piccolo e luì grosso. Eppure, il diverso cammino imboccato dalla nostra specie ha differenziato profondamente alcuni aspetti della nostra biologia rispetto alla loro. Mentre gli scimpanzé andavano verso la promiscuità, i nostri diretti progenitori probabilmente praticavano la poliginia e, in qualche caso, forse anche la monogamia.

In ogni caso, alla monogamia gli esseri umani dovettero giungere perlomeno in tempi storici, per motivi di ordine culturale e soprattutto economico.

La trasmissione culturale, a differenza di quella genetica, è basata sull'apprendimento di "tradizioni" che possono esistere in una popolazione ma non in un'altra e che prescindono dalle caratteristiche genetiche dei singoli individui. Nell'isola di Hokkaido, alcuni decenni or sono, alcuni macachi del Giappone impararono a lavare e salare le patate e da allora l'intera popolazione locale dei macachi ha assunto queste abitudini; sul fiume Taro, all'altezza di San Secondo Parmense, i ratti locali hanno imparato a pescare molluschi bivalvi del genere *Unio* tuffandosi come sommozzatori; in alcune contee della Gran Bretagna, cinciallegre e cinciarelle hanno imparato a forare la stagnola che sigilla le bottiglie del latte per nutrirsi della panna affiorante. Queste "tradizioni" possono diffondersi a macchia d'olio ma non vengono in alcun modo ereditate per via genetica come invece avviene nel caso di altri comportamenti, ma soltanto apprese.

In una specie come la nostra, in cui l'apprendimento ha assunto una importanza del tutto speciale e anche la cultura è cresciuta fino a raggiungere un'importanza molto maggiore rispetto a quella consueta; perciò, possiamo certamente affermare di essere gli animali più culturali che oggi esistano e, in molti casi, di avere addirittura "oscurato" le originarie caratteristiche del nostro comportamento con una sovrapposizione di nuovi comportamenti culturali che sono ormai molto più utili al nostro benessere e alla nostra sopravvivenza.

L'evoluzione culturale ha un'influenza profonda non solo sul comportamento delle popolazioni e delle specie, ma anche sui loro caratteri morfologici. A lungo andare, per esempio, in una popolazione di ratti che raccogliesse il cibo unicamente con tecniche da sommozzatore, la selezione naturale potrebbe favorire la comparsa di membrane tra le dita delle zampe.

Nella nostra specie, in un tempo molto lontano, l'uso di pelli per coprirsi e probabilmente anche l'uso del fuoco per scaldarsi favorirono un eccezionale diradamento dei peli. Da allora, siamo diventati, non soltanto scimmie bipedi e scimmie geniali, ma anche "scimmie nude", secondo la definizione data nel titolo di un noto libro del naturalista-scrittore Desmond Morris.

La nostra nudità è una caratteristica tanto insolita e tanto peculiare nell'ordine dei Primati e nella classe dei Mammiferi da meritare senz'altro qualche parola di spiegazione: è evidente che, se si ha la possibilità di controllare il sistema di termoregolazione aggiungendo o togliendo in pochi secondi uno o più strati protettivi, un tale sistema sarà destinato a imporsi su qualsiasi altro che preveda un cambiamento più lento: per esempio, la muta del pelo nelle diverse stagioni. Ai tempi delle nostre origini, per diversi motivi, le esigenze di raffreddamento furono certamente notevoli, tanto è vero che il numero di ghiandole sudoripare per unità di superficie sulla nostra pelle è superiore a quello di qualsiasi altro mammifero. È possibile che la nudità sia stata anche vantaggiosa per le impegnative attività di caccia e di difesa dei nostri progenitori, ed è anche possibile che essa sia stata stimolata dalla lunga permanenza in caverne riscaldate dal fuoco, ma è anche possibile che essa abbia favorito le naturali attitudini erotiche che già emergevano nei primi esseri umani. Maggiore erotismo significava maggiore stabilità delle famiglie e quest'ultima si traduceva senz'altro in una più elevata sopravvivenza dei piccoli. A ben guardare, l'effetto stimolante sui maschi delle rotondità dei seni e delle natiche femminili costituisce una caratteristica peculiare della nostra specie tra tutti i Primati ed è probabile che sia proprio in relazione con questo effetto che il corpo della donna, oggi, è ancor meno coperto di peli di quello del maschio: le rotondità non sarebbero tanto attraenti se fossero villose. La nostra nudità potrebbe dunque avere anche il significato suggerito dai versetti della Genesi dopo il peccato originale di Adamo ed Eva: «Ed avendo conosciuto d'esser nudi, intrecciarono foglie di fico e se ne fecero cinture».

Come dire che i vestiti servirono non soltanto per ripararsi dal freddo, ma anche per confinare sempre di più il sesso tra i rapporti strettamente privati, evitando le incresciose intrusioni che avrebbero potuto essere provocate dal nuovo stimolo permanente della mancanza di pelo che veniva a sostituire quello ricorrente della pelle colorata degli altri Primati.

Una coevoluzione genetico-culturale tanto spinta quanto quella che è avvenuta nella nostra specie è un evento raro, anzi rarissimo dato che, sul nostro pianeta, si è verificata soltanto una volta. Secondo Charles Lumsden e Edward Wilson, «qualcosa di molto potente deve avere frenato il sistema evolutivo» impedendo la formazione di molte altre specie con una mente paragonabile a quella umana. Di che cosa si è trattato? «Per ogni stirpe che intraprenda questo cammino, la coevoluzione genetico-culturale rappresenta una serie temeraria di salti nel buio. La conoscenza deve essere rinnovata e il comportamento sviluppato *ex novo* in ogni individuo. C'è sempre il rischio della perdita o della distorsione di una quantità tale di conoscenza da rompere la continuità e mettere in pericolo l'intera popolazione. In una banda di trenta individui di *Homo erectus*, la perdita di un solo individuo particolarmente dotato poteva far tornare indietro l'evoluzione culturale, condannando l'intera comunità all'estinzione. All'alba dell'intelligenza, quando le popolazioni erano sparse e più fragili, l'intera specie avrebbe potuto essere spazzata via.»

Riassumendo, la caccia di gruppo ha prodotto la complessità del linguaggio, le esigenze di apprendimento del linguaggio hanno provocato il prolungamento dell'infanzia, questo ha reso indispensabili le cure parentali di entrambi i genitori e quindi anche la stabilità familiare; ma la stabilità poteva soltanto essere assicurata da un forte e continuo rapporto socio-sessuale che andasse molto al di là delle semplici esigenze riproduttive. Non c'è dubbio, quindi che, se davvero il peccato originale aprì gli occhi degli uomini alla conoscenza del bene e del male, esso non poté essere altro che la scelta di vita nella savana con il conseguente abbandono della foresta, l'antico Paradiso terrestre. Ne seguì una straordinaria spirale verso un genere di vita e persino un genere di evoluzione completamente diverso da quello dei nostri lontani antenati arboricoli e di ogni altro animale vissuto sul nostro pianeta. È curioso che ancora oggi, dopo sei o sette milioni di anni dall'imbocco di quella strada, esistano persone che vorrebbero farci tornare a praticare il sesso soltanto per la riproduzione, come facevano le femmine degli antichi Primati pre-umani e, ancor meglio di loro, entrambi i sessi di altri mammiferi a riproduzione stagionale.

Gli australopitechi ebbero una lunghissima storia nel loro ambiente di savana: a partire da quasi sette milioni di anni fa, le loro ultime tracce giungono fino a novecentomila anni fa. Si differenziarono in numerose specie e condussero una vita di gruppo usando e forse lavorando semplici utensili di osso, corno e legno. Stando a quanto è stato ricostruito da vari ritrovamenti, bivaccavano in punti fissi, allo scoperto o sotto ripari rocciosi e qui accumulavano oggetti vari e rifiuti di cibo.

Alcuni australopitechi conservarono caratteri arcaici fino al termine della loro esistenza, altri invece, a partire da due milioni e novecentomila anni fa, si differenziarono in modo sempre più spiccato dai loro progenitori, crebbero di statura, aumentarono la loro capacità cranica fino a 600-700 centimetri cubici e diedero luogo all'*Homo habilis*, una denominazione convenzionale per una serie di resti fossili che giungono fino a un milione e seicentomila anni fa.

Gli uomini abili dovevano essere tali soprattutto nella caccia di gruppo. La loro vita non doveva essere molto diversa da quella dei loro predecessori salvo il fatto che il livello di comunicazione tra i diversi componenti di una tribù era già più elevato, le prede catturate avevano taglia mediamente maggiore e il sistema socio-sessuale era già sulla strada attuale. A differenza degli australopitechi che finora sono stati ritrovati soltanto in Africa, gli uomini abili vissero certamente anche in Asia; con essi, dunque, dovette iniziare la migrazione che avrebbe condotto gli uomini dalle originarie savane dell'Africa orientale fino a ogni remoto angolo della Terra.

A partire da un milione e mezzo di anni fa, quando il volume del cervello incomincia a superare i 700 centimetri cubici, non si parla più neppure di uomini abili, ma di uomini eretti (*Homo erectus*). Questi avevano ormai la corporatura di un uomo moderno ma conservavano una testa con caratteri nettamente scimmieschi: mento praticamente assente, forti arcate sopracciliari e potenti rilievi ossei su cui si andavano a inserire i muscoli della nuca e quelli della masticazione.

Gli uomini eretti vissero in tutto il Vecchio Continente, Africa, Asia ed Europa e, fin dall'inizio della loro storia, incominciarono a lavorare la pietra, in un primo tempo più rozzamente e poi,- a partire da un milione di anni fa, sempre più accuratamente. Anche il loro aspetto si modificò nel tempo: negli esemplari più antichi, le arcate mascellari si presentano ancora molto forti, poi si indeboliscono e si ingentiliscono sempre di più mentre il volume del cervello continua a crescere raggiungendo e superando i 1000 centimetri cubici.

Quale straordinario evento può avere causato un tale processo di rimodellamento? La risposta è che, in un certo periodo situato tra mezzo milione e un milione di anni fa, i nostri antenati compirono la loro impresa più straordinaria, imparando per la prima volta a controllare e a usare il fuoco; da allora, ogni cosa cambiò sempre più rapidamente e ogni cambiamento preparò sempre nuovi e sempre più rapidi rivolgimenti.

Con il fuoco, fu possibile difendersi più efficacemente e, per la prima volta, anche riscaldarsi e cuocere il cibo. In tali condizioni, gli uomini si trovarono finalmente in grado di nutrirsi e di sopravvivere anche facendo a meno del poderoso apparato masticatore che, fino a quel momento, avevano conservato. Nel loro cranio, quindi, comparvero ben presto le medesime semplificazioni strutturali che si ritrovano nei carnivori addomesticati, per esempio nel cane che si nutre di carne a pezzetti invece che di prede intere come il suo antenato lupo. Con il fuoco, l'evoluzione culturale divenne inarrestabile e abbreviò come non mai i tempi necessari per nuovi adattamenti. Attorno ai focolari, riuniti in piccole tribù di cacciatori e di guerrieri, forse per centinaia di migliaia di anni, gli uomini prepararono e forse meditarono in piena coscienza un progetto di una incredibile ambizione che non era mai stato tentato né mai era stato sognato da altri prima di loro: la conquista e il controllo totale del pianeta.

3. IL CAMPO SUL MARA

Il campo è circondato su tre lati da un'ansa del fiume ed è delimitato e difeso dalle sue acque. Sul quarto lato, lo attraversa una pista di accesso che raggiunge l'ufficio di ricezione passando per una rada boscaglia di acacie. Non vi sono quasi per nulla strutture fisse di pietra o di cemento e i materiali dominanti sono il legno, la tela e le foglie di palma.

Perciò, il senso di sicurezza all'interno del suo perimetro non può derivare dalla robustezza dei materiali da costruzione, ma deve piuttosto dipendere dal fatto di trovarsi in un luogo che è riconosciuto come privato anche dagli animali della savana.

Di fronte al gomito del fiume c'è un vasto spiazzo erboso con un gran focolare nel mezzo e, ai lati, un'ampia e alta arcata che ripara la zona del ristorante. Le tende di alloggiamento degli ospiti sono sparse tra gli alberi, nell'area immediatamente circostante. La mia è l'ultima in fondo al sentiero, dove il fiume piega tra le rive incassate per ritornare su se stesso. È alta abbastanza per potervi stare in piedi, dotata di due finestre che consentono, anche dall'interno, di continuare a osservare il fiume con i suoi sbuffanti ippopotami. Vi si accede attraverso una robusta scaletta di tre gradini, aprendo una serie di grosse cerniere-lampo. Sul retro, una seconda serie di cerniere dà accesso a un'ampia capanna adiacente di legno e di frasche che funge da guardaroba e da bagno.

Ogni sera, nella rotonda del ristorante, viene acceso un grande fuoco che è particolarmente gradevole nel fresco clima dell'altopiano. In attesa del pranzo, gli ospiti si raccolgono in circolo intorno alle fiamme e si scaldano, perlopiù restando in silenzio o scambiando poche parole.

Nel luogo particolare in cui ci troviamo, il focolare acceso evoca l'immagine di focolari e di campi del passato. Però, questo campo sul fiume Mara è molto diverso dagli insediamenti umani del Paleolitico, non soltanto per il suo arredamento e per la sua tecnologia, ma soprattutto per i suoi rapporti con il mondo esterno.

Il nostro campo, infatti, è una comunità le cui dimensioni massime sono predeterminate dal numero dei posti-letto disponibili per gli ospiti e da quello dei posti di lavoro del personale che presta qui la sua opera. Sul territorio circostante, le risorse sono abbondanti: vi si estende la *Masai Mara Game Reserve*, ricchissima di grossi mammiferi e, a poche centinaia di metri, c'é anche un villaggio di pastori Masai dove si allevano alcune centinaia di bovini domestici e si produce molto latte e formaggio. Però, nel nostro campo, non c'è nessuno che vada a insidiare le antilopi, le zebre o le giraffe e neppure che chieda ai pastori Masai di acquistare i loro prodotti caseari. Il rifornimento è interamente assicurato dall'esterno, gli animali di cui mangiamo la carne sono stati allevati a molte centinaia di chilometri da qui e anche la frutta e la verdura sono cresciute e maturate altrove. Solo l'acqua potabile viene prelevata localmente: viene pompata dal fiume Mara, filtrata e infine bevuta oppure utilizzata per le operazioni di lavaggio. Tutto il cibo e tutto il combustibile necessari per ogni esigenza del campo vengono invece portati qui per mezzo di autocarri a motore che partono dalla città di Nairobi, a oltre trecento chilometri di distanza. Virtualmente, il nostro campo funziona come una colonia su un altro pianeta, abitata da squadre che si alternano in brevi periodi di turni lavorativi senza mai insediarsi definitivamente né tantomeno riprodursi sul posto, e sempre portando con sé dalla Terra tutte le risorse necessarie per sopravvivere. Anche se il territorio circostante fosse del tutto spopolato di animali e di uomini, la nostra vita al campo non cambierebbe, e se il fiume Mara si inaridisse, l'unico fatto nuovo sarebbe la necessità di procurarsi altrove anche l'acqua.

Quei campi del passato, invece, erano villaggi i cui abitanti vivevano esclusivamente delle risorse del territorio circostante. Cosi come le antilopi e le zebre si nutrono di erba, e i leoni e i licaoni di animali erbivori, allo stesso modo, gli abitanti di quei campi si nutrivano utilizzando gli animali e le piante di tutto il territorio che riuscivano a percorrere, senza troppo esporsi alla fatica e alle insidie dei potenziali nemici.

Perciò, i campi di quelle tribù del passato potevano essere mantenuti in una certa località soltanto se le risorse locali erano sufficienti per tutta la tribù. Quando la comunità diventava troppo numerosa, e la selvaggina e i frutti della terra non bastavano più, allora i più giovani e i più avventurosi partivano in cerca di nuovi territori, affrontavano tribù ostili e si ingegnavano con ogni mezzo per assicurarsi il necessario per la sopravvivenza e, se possibile, per il benessere della nuova comunità formatasi al momento della migrazione.

Quello stile di vita era molto duro in confronto con il nostro ma, a ben guardare, esso era basato sullo stesso tipo di rapporti uomo-uomo e uomo-animale che ancora oggi ci condizionano: *competizione* e *predazione*.

Tutta la materia vivente esistente sul nostro pianeta è prodotta, in ultima analisi, per mezzo dell'energia solare che viene raccolta e utilizzata dalle piante verdi per mezzo di opportuni pannelli solari chiamati *foglie*. Le piante sono in grado di produrre in tal modo molecole di zucchero (più precisamente, di glucosio) a partire da anidride carbonica raccolta dall'aria. Questo processo, noto come *fotosintesi clorofilliana*, è l'unico esistente in natura che consenta la produzione di materia vivente. A partire dallo zucchero, prodotto, le piante costruiscono quasi tutte le sostanze organiche di cui sono composte e quelle di cui hanno bisogno per vivere; insieme con alcuni protisti e con i batteri fotosintetizzanti, le piante sono gli unici organismi capaci di produrre materia vivente a partire da composti inorganici. Per questo motivo, nel linguaggio dell'ecologia, esse vengono anche definite come *produttori* e la loro crescita in peso per unità di superficie e per unità di tempo viene anche indicata come *produzione primaria netta*.

Gli animali non sono capaci di produrre materia organica e perciò sono costretti a sfruttare quella delle piante per mezzo della predazione: o mangiano direttamente le piante oppure mangiano altri animali che, a loro volta, hanno mangiato piante o animali; per ciascuno di questi passaggi, la resa energetica e molto bassa: un chilogrammo di erba brucata può dar luogo pressappoco a soli cento grammi di animali erbivori (*consumatori di primo ordine*) e questi ultimi a soli dieci grammi di animali carnivori (*consumatori di secondo ordine*) oppure a un solo grammo di carnivori mangiatori di altri carnivori (*consumatori di terzo ordine*). Perciò, nella savana che si estende attorno al nostro campo, così come in ogni angolo della Terra in cui si stabilisca un sistema di trasferimento di energia tra i diversi organismi e l'ambiente fisico (cioè un ecosistema), le piante sono più comuni degli animali erbivori e questi ultimi sono più comuni dei carnivori: l'erba è ovunque, le antilopi e le zebre non sono tanto abbondanti come gli steli delle graminacee ma si incontrano ancora con facilità, i leoni, i ghepardi e i licaoni sono decisamente rari in confronto con gli animali erbivori.

Eccettuati i produttori, tutti gli altri organismi viventi sono, in effetti, autentici predatori nel senso che hanno bisogno di uccidere per poter sopravvivere: lo sono i coccodrilli, i leoni e i licaoni che cacciano altri animali, ma lo sono anche le antilopi che brucano l'erba, i pappagalli che consumano semi e ogni altro organismo che consuma materia vivente. Nel linguaggio dell'ecologia, però, la definizione di *predatore* è spesso riservata ai soli animali che, per nutrirsi, uccidono altri animali; se invece si nutrono di piante si parla di *erbivori*, se di animali già morti in precedenza di *necrofagi*, se di parti di animali vivi senza per questo ucciderli (almeno non immediatamente) di *parassiti*.

Se si adottano queste definizioni, è anche possibile concepire la predazione come un fenomeno limitato a certi animali e non ad altri, ma non è comunque possibile considerare i predatori come l'unico fattore limitante delle popolazioni di altri animali: infatti, tutti gli organismi viventi, animali e piante, esercitano anche una pressione di competizione nei confronti degli altri organismi che abbiano pressappoco le loro stesse esigenze. Lo fanno tutti gli animali monopolizzando quanto più possibile le risorse animali o vegetali di cui hanno bisogno, ma lo fanno anche le piante monopolizzando la luce del sole, l'acqua, i sali minerali del terreno. Sul nostro pianeta non esiste nessun organismo che sfugga alla competizione: se qualcuno riesce a utilizzare una determinata risorsa, qualcun altro dovrà necessariamente rinunciarvi.

Negli ambienti naturali della Terra, così come nelle società umane, la competizione non viene tuttavia messa in atto contro tutto e tutti. Essa, anzi, viene fortemente ridotta per mezzo delle specializzazioni. Se un'antilope bruca esclusivamente l'erba alta, un'altra cercherà di convivere sulla stessa prateria brucando esclusivamente quella bassa, se un uccello insettivoro raccoglie insetti tra il fogliame degli arbusti, un altro cercherà di fare la stessa cosa nella chioma degli alberi oppure sulla corteccia. Limitando e specializzando la gamma delle proprie attività in modi ben precisi, gli animali e le piante riescono a sviluppare determinate caratteristiche che consentono loro di ottimizzare i risultati della propria attività e in tal modo di convivere con molte altre specie simili, primeggiando nettamente in un certo ambito più o meno ristretto di attività. Si parla di *nicchia ecologica* che, in parole povere, è il ruolo ricoperto da ciascun organismo in una determinata situazione geografica e ambientale.

La grande varietà di specie simili le une alle altre che esistono sulla Terra è resa tecnicamente possibile dall'estrema raffinatezza delle relative specializzazioni; beninteso, ciascuna specie è sempre pronta ad allargare la propria nicchia ecologica (cioè a utilizzare una gamma più vasta di risorse) nel caso in cui non si trovi a contatto con competitori diretti. Per esempio, sul continente europeo la cinciarella è costretta a cercare il cibo suddividendo con molte altre specie di cince i vari elementi dello spazio degli alberi; alle isole Canarie, invece, essa è l'unica specie di cincia esistente e di conseguenza si comporta in modo molto più disinvolto e utilizza con molto opportunismo tutte le risorse che trova a sua disposizione senza che nessuno gliele contenda. Un fenomeno analogo si può osservare nel caso della martora all'isola d'Elba dove questo animale predatore si trova in regime di monopolio e non deve avere a che fare con volpi, puzzole o gatti selvatici.

Gli organismi viventi non sono tutti equivalenti gli uni agli altri nella capacità di sfruttare le risorse disponibili. Alcuni se la cavano molto meglio della maggior parte degli altri, e lo fanno anche senza bisogno di ricorrere a eccessive specializzazioni; altri, invece, sono costretti ad arroccarsi in modi di vita alquanto marginali che consentono a malapena la loro sopravvivenza; inoltre, alcuni organismi sono legati molto strettamente a un certo modello di vita e, in caso di cambiamenti ambientali, non riescono ad adattarsi alla nuova situazione, altri, invece, sono dotati di una notevole plasticità e, in caso di necessità, riescono facilmente a modificare il loro vecchio stile di vita in favore di uno nuovo.

Gli ecologi descrivono una tale situazione affermando che gli organismi più specializzati e meno adattabili occupano una nicchia ecologica più stretta di quelli più generici. Una diretta conseguenza di questa ristrettezza di nicchia è la rarità degli organismi che vi sono costretti. L'avvoltoio barbuto, che si nutre in gran parte del midollo delle ossa dei grossi mammiferi, è molto più raro dell'avvoltoio africano dal dorso bianco che si nutre di qualsiasi tipo di carcassa o rifiuto. In ogni caso, per evidenti motivi, la competizione diviene molto più intensa nell'ambito di ogni singola specie. Spesso, si rende necessario monopolizzare una fetta di risorse che possa assicurare la sopravvivenza e perciò si ricorre alla delimitazione e alla difesa di un *territorio*. Se la convivenza con le specie simili può essere alquanto difficile, quella con altri individui della stessa specie si rivela spesso impossibile: le risorse possono essere sfruttate razionalmente ma non moltiplicate e, se qualcuno le utilizza in tutto o in parte, qualcun altro dovrà necessariamente farne a meno in uguale misura.

Dai primi tempi delle origini umane fino agli inizi dell'agricoltura, poco meno o poco più di diecimila anni fa, la densità di popolazione dei nostri progenitori venne principalmente determinata dalla quantità di risorse che essi riuscivano ad accaparrarsi per mezzo della caccia e della raccolta. La straordinaria crescita del volume del cervello aveva consentito l'avvio di una rapida evoluzione non più genetica ma culturale che forniva un nuovo, potente mezzo per fronteggiare con estrema rapidità situazioni diverse e cioè per allargare in misura notevole la propria nicchia ecologica. Con questo nuovo tipo di evoluzione, osserva lo storico americano Alfred Crosby, le forme del genere *Homo* divennero i più grandi specialisti in adattabilità del mondo naturale: «Era come se il pescatore della fiaba, al quale il genio benefico aveva accordato tre desideri, avesse chiesto per prima cosa che venissero accordati tutti i desideri che mai avesse potuto avere». Gli uomini divennero capaci di impadronirsi praticamente di ogni tipo di possibile preda, di difendersi in modo efficiente da qualsiasi altro predatore, di sfruttare le risorse di ogni tipo di ambiente.
Nonostante queste eccezionali doti di predatori, di raccoglitori e di competitori, i nostri antenati rimanevano comunque condizionati dalle

risorse degli ambienti in cui vivevano. Un tipico carnivoro come un giaguaro, un lupo o un leone ha bisogno di avere a disposizione un territorio esteso all'incirca su 10-20 chilometri quadrati nel quale possa esercitare la caccia in misura sufficiente per la sua sopravvivenza ma non in misura tanto intensa da giungere a distruggere le sue stesse fonti di alimentazione. Se si assume che i nostri progenitori avessero esigenze territoriali simili a quelle dei mammiferi carnivori, ma un po' più moderate. grazie alla loro maggiore versatilità alimentare, si può calcolare che la densità media degli uomini-cacciatori sul pianeta potesse essere di un individuo per 5-10 chilometri quadrati; ebbene, valutando che la superficie della Terra utile per la vita umana corrispondesse all'incirca a un terzo delle terre emerse, cioè 50 milioni di chilometri quadrati (escludendo i deserti, le catene montuose più elevate e le zone umide e forestali più impraticabili), si ricava un numero massimo di uomini-cacciatori di 5-10 milioni.

A partire dalle loro zone di origine, in Africa, gli uomini popolarono l'intero pianeta muovendosi dapprima verso nord, lungo il Nilo e attraverso l'attuale Sahara (che, fino a poche migliaia di anni fa, non era ancora un deserto o almeno non lo era in modo tanto stremo e tanto esteso), poi Verso l'Asia e, rispettivamente, verso l'Europa raggiungendo le regioni più calde di questi due continenti, infine verso il Nord America attraverso la Siberia e verso l'Oceania attraverso il Sud-Est asiatico. Una tale spettacolare espansione fu possibile anche perché, fino a diecimila anni fa, una grande massa di acqua era bloccata negli enormi ghiacciai continentali e il livello degli oceani era più basso di quello attuale e di conseguenza esistevano ponti di terre sia nell'attuale zona dello stretto di Bering, sia in quella delle isole della Sonda.
Le comunità umane del Paleolitico erano piccole tribù che, in generale, annoveravano poche decine o al massimo centinaia di individui. Le loro tracce più tipiche sono rappresentate dagli utensili in pietra scheggiata che risalgono anche a un milione e mezzo e forse addirittura due milioni di anni fa. Fin dai tempi degli australopitechi, pietre, ossa e bastoni venivano utilizzati per la difesa (al posto dei grossi denti canini delle scimmie antropomorfe che, essendo diventati superflui, regredirono

42

rapidamente) e anche per tagliare il cibo che doveva consistere in animali che ormai erano di dimensioni decisamente rispettabili. Le dimore più antiche degli uomini del Paleolitico sono caverne, come quella conosciutissima di Chou-Kou-Tien, presso Pechino, che fu abitata per oltre duecentomila anni; poi, a partire da trecentomila anni fa, compaiono accampamenti più elaborati, con grandi capanne costruite con rami di albero fermati a terra per mezzo di un cerchio di pietre, come quello ormai famoso di Terra Amata, presso Nizza.

Non abbiamo a disposizione molte notizie dirette sulla natura dei rapporti sociali tra i diversi gruppi ma, personalmente, non mi sembra che esistano ragioni oggettive per essere particolarmente ottimisti in merito a questo argomento. Per quanto ne sappiamo dalla paleontologia umana e purtroppo anche dalla storia più recente, le diverse comunità della nostra specie non sono mai state molto amichevoli le une con le altre. Con poche eccezioni, ogni volta che sono venute in contatto tra di loro, si sono combattute con forte determinazione, mostrando spesso di considerare gli appartenenti a gruppi estranei come non facenti parte della umanità o perlomeno come rappresentanti di una categoria inferiore. Molti reperti fossili di ossa umane fessurate e di crani forati ad arte (per esempio, a Ngandong, Krapina e al monte Circeo) indicano che prima l'*Homo erectus* e poi l'uomo di Neandertal (un primitivo *Homo sapiens* vissuto da centomila a cinquantamila anni fa) praticavano, sia per motivi religiosi, sia per motivi semplicemente alimentari, il cannibalismo.

Del resto, la cosa non può certo stupire se si considera tutto ciò che sappiamo dalla storia e persino dalla cronaca su questa abitudine: dai tempi in cui i primi esploratori spagnoli e francesi delle Antille scoprirono con orrore che gli indigeni della tribù dei Canibales mangiavano i loro nemici uccisi in guerra o imprigionati, le testimonianze sulle pratiche antropofaghe si sono moltiplicate in molte diverse regioni della Terra. Si può dire, in definitiva, che il cannibalismo è un comportamento tanto ricorrente da meritare almeno qualche riflessione nel merito.

Molte persone, anche di cultura, nel passato e purtroppo anche nel presente, hanno affrontato i problemi relativi alla "natura umana" in un modo decisamente dogmatico e scorretto. Innanzi tutto, hanno commesso l'errore di usare le parole "buoni" e "cattivi" senza definirle con esattezza, poi hanno anche dato per scontato che qualsiasi scoperta scientifica relat1va alle nostre attitudini 'naturali' dovesse automaticamente giustificare un'etica sociale basata sulla selezione naturale. Per esempio, molti guerrafondai hanno ritenuto che fosse sufficiente mettere in evidenza le attitudini belliche dell'uomo per dimostrare che la guerra è un evento inevitabile e non del tutto negativo, per contro, alcuni pacifisti hanno pensato che il miglior modo per esorcizzare i conflitti fosse quello di dichiarare che la natura umana è fondamentalmente gentile e pacifica.

In realtà, per mezzo della sua peculiare specializzazione, e cioè l'evoluzione culturale, l'uomo è suscettibile di superare continuamente se stesso senza essere costretto ad attendere che la sua primitiva natura biologica venga modificata geneticamente. Questo è un vantaggio a breve termine perché l'evoluzione culturale è molto più rapida di quella biolog1ca, ma è anche uno svantaggio a lungo termine perché la sovrapposizione dell'apprendimento culturale sottrae alle pressioni selettive (e quindi consente di conservare) molte tendenze di comportamento che nel passato sono state utili ma che ormai risultano assolutamente inadeguate alle nostre attuali condizioni di vita.

In tale situaz1one, è bene cercare di conoscere a fondo noi stessi per poterci mettere nelle condizioni migliori per non cadere nelle "tentazioni" del nostro passato biologico. Questo significa, a ben pensarci, fuggire le occasioni del male riconoscendoci umilmente come potenziali "peccatori".

Studiando la vita dei nostri prossimi cugini, gli scimpanzé, è stato osservato che non soltanto i rari episodi di cannibalismo, ma anche i più frequenti atti di caccia ad altre specie di scimmie (per esempio, giovani babbuini, colobi rossi) evocano nei loro autori un particolare stato di turbamento. Jane Goodall riferisce del cruento incontro di quattro scimpanzé con un giovane babbuino precisando che uno di essi afferrò per una zampa la disgraziata scimmia sbattendola ripetutamente sul terreno mentre gli altri tre, «stretti l'uno contro l'altro in un groviglio di teste, braccia e zampe, davano segni di grande eccitazione»

È possibile che questo singolare stato di eccitazione (che è stato anche documentato mediante riprese cinematografiche) sia collegato con una sorta di primitiva presa di coscienza sulla realtà della morte?" Nessuno può dirlo ma, a mio parere, non è tanto strano che uno scimpanzé riesca implicitamente a riconoscere un babbuino come un animale che, pur non appartenendo alla propria specie ha, con essa, molti caratteri in comune.

Se uno scimpanzé può rimanere turbato se uccide e divora un babbuino, quali saranno state le sensazioni di *Homo erectus* che uccideva e mangiava un altro individuo della sua stessa specie?" Ovviamente, qui siamo nel campo delle pure e semplici congetture che non potranno mai essere dimostrate ma a me sembra abbastanza ovvio che il turbamento causato da quel genere di azione dovesse essere talmente intenso da rendere necessario il reperimento di un adeguato antidoto psicologico, in grado di alleviarlo. Bisognava assicurarsi che lo spirito del morto non ritornasse per vendicarsi e bisognava anche rassicurarsi sulla sostanziale correttezza dell'azione compiuta. Furono queste angosce, io credo, che diedero origine al cosiddetto cannibalismo rituale che altro non era se non un modo di giustificarsi, di fronte alle misteriose forze dello spirito, del terribile atto compiuto considerando un uomo dotato di anima come una preda qualsiasi, e forse furono ancora queste angosce che ebbero a che fare con le prime credenze in un mondo di spiriti immortali e in un regno dei morti dove, in realtà, l'esistenza sarebbe dovuta continuare in un'altra forma.

Molto più tardi, con l'inizio delle pratiche agricole e pastorali e con la conseguente razionalizzazione degli approvvigionamenti alimentari, i sacrifici cruenti divennero soltanto simbolici e, al posto degli esseri umani, furono uccisi sempre più spesso animali domestici. Ancora oggi, tuttavia, nelle religioni cristiane, i fedeli sono invitati a «mangiare la carne e bere il sangue» di Cristo nel rito della Comunione.

Del resto, il cannibalismo è stato osservato in ben 138 specie diverse di animali e pertanto è ragionevole considerarlo, da un punto di vista strettamente biologico, come un comportamento adattativo piuttosto che una degenerazione di tipo patologico. In alcuni casi, la funzionalità delle abitudini cannibalesche è evidente e innegabile. Per esempio, tra le mantidi religiose, il maschio può venire decapitato e mangiato durante l'accoppiamento dalla femmina (che è più grossa e robusta) con un notevole vantaggio per quest'ultima e anche per la specie nel suo complesso: la femmina, infatti, in questo modo si procura una quantità di energia supplementare per le sue uova e si assicura anche (sia pure per un breve tempo) una migliore prestazione sessuale (e quindi una migliore garanzia di fecondazione) mediante la distruzione dei gangli nervosi centrali che, normalmente, sono responsabili di un'azione inibitrice sui movimenti di copulazione.

Certo, gli insetti sono troppo diversi dai vertebrati perché la loro storia naturale possa essere realmente paragonabile alla nostra; tuttavia, è anche vero che il cannibalismo, soprattutto nei confronti dei neonati e degli infanti, è stato osservato anche in particolari circostanze della vita di diversi mammiferi tra cui i topi, i leoni e, come ho accennato sopra, persino gli scimpanzé.

Inoltre, i casi più noti di culture antropofaghe nella nostra specie coincidono spesso con situazioni di drammatica carenza proteica: gli Aztechi disponevano di pochi animali domestici e poche piante coltivate, gli indigeni dell'isola di Pasqua vivevano ormai in una specie di deserto depredato di tutte le sue originarie risorse, quelli della Nuova Guinea avevano colonizzato una terra del tutto priva di grandi mammiferi. D'altra parte, bisogna onestamente riconoscere che anche se un uomo si limita a uccidere un altro uomo senza mangiarlo, o anche se ne provoca la morte in modo indiretto, impedendogli l'accesso alle risorse di cui ha bisogno, l'effetto finale è pur sempre la sopravvivenza del primo e la scomparsa del secondo. Poco importa, perciò, dal punto di vista della sostanza delle cose, di accertare in quale misura siano state praticate tali impressionanti usanze nel quadro della dura competizione per le risorse che indubbiamente si svolgeva tra le diverse comunità di *Homo erectus* prima e *Homo sapiens* poi; ciò che conta è che la cooperazione, normalmente, avveniva soltanto all'interno delle singole tribù, che l'ostilità nei confronti degli "stranieri" era la norma e che la sopravvivenza era garantita soltanto ai gruppi più "adatti" e cioè a quelli che riuscivano in qualche modo a monopolizzare le risorse.

A partire dal racconto biblico di Caino e Abele, esistono innumerevoli documenti paleontologici e storici che testimoniano lo stato di continua ostilità reciproca delle diverse

popolazioni umane. Vi sono pochi dubbi che gli individui più bellicosi furono anche quelli che riuscirono a sopravvivere e a riprodursi meglio e che pertanto noi uomini di oggi, discendenti di quelli di allora, non dobbiamo né scandalizzarci né stupirci delle naturali attitudini bellicose che abbiamo ereditato dai nostri sanguinari antenati. Semplicemente, dovremmo capire che ormai esse sono un retaggio del passato che oggi, nelle attuali condizioni, non è più opportuno assecondare. Del resto, anche le diverse tribù degli uomini del Paleolitico, così come le diverse specie affini di animali, si sforzarono certamente di ridurre la competizione mettendo a punto differenti culture di caccia e di raccolta: c'era chi puntava sulla caccia grossa, chi sulla pesca lungo le coste, chi lungo i fiumi e via dicendo; in questo modo, l'evoluzione culturale consentiva vere e proprie differenziazioni di nicchia ecologica che tuttavia, non essendo fissate geneticamente, erano facilmente reversibili o comunque modificabili nel caso in cui si presentasse una nuova situazione ambientale. Se si considerano le condizioni veramente estreme in cui vivono alcuni gruppi umani, per esempio gli eschimesi, i tuaregh o i boscimani, si finisce necessariamente per ipotizzare che questa gente sia riuscita a sopravvivere occupando nuove nicchie ecologiche dopo essere stata scacciata da altre zone del mondo più favorevoli e più ospitali.

L'esistenza di fenomeni di vivace competizione si può anche desumere indirettamente da alcune osservazioni di tipo paleontologico localizzate nel tempo diecimila anni fa, al termine dell'ultima glaciazione e poco prima della rivoluzione agricola neolitica: con la Terra ormai sovrappopolata di uomini-cacciatori, in breve tempo si verificò l'estinzione di molti grandi animali, il mammut e il rinoceronte lanoso della tundra eurasiatica, il mastodonte del Nordamerica, l'orso delle caverne, la tigre dai denti a sciabola e altri giganti dell'emisfero boreale; dalla pampa sudamericana scomparvero i megateri, simili a enormi bradipi e i gliptodonti, che erano imparentati con gli attuali armadilli ma avevano la taglia di un bue. Queste estinzioni possono essere interpretate in modi diversi e certamente furono causate anche dai grandiosi cambiamenti ambientali che ebbero luogo in quel periodo; tuttavia, a mio parere, è decisamente più probabile che in un mondo ormai dominato da super-cacciatori, la pressione venatoria nei confronti di alcuni di questi animali fosse divenuta tanto forte da risultare ormai insopportabile. Molti paleontologi dubitano che gli uomini del Paleolitico fossero già in grado di esercitare una caccia tanto distruttiva, ma i risultati di recenti scavi archeologici effettuati lungo il fiume Dnepr, nella pianura centrale russa, avvalorano la tesi opposta: dai depositi locali di loess (una finissima polvere depositata dal vento nei periodi freddi e aridi dell'epoca glaciale) sono stati riportati alla luce i resti di una decina di piccoli villaggi di quindicimila anni or sono in cui le strutture portanti delle capanne erano interamente costituite di ossa di mammut; in uno di questi villaggi sono state contate le ossa di circa 150 animali e, tra le capanne, sono state trovate le tracce di grandi buche che indicano l'impiego del terreno gelato come dispensa per conservare le prede abbattute.

Esauriti i mammut, i mastodonti e gli altri giganti di questo calibro (che potevano fornire non soltanto un'enorme quantità di carne, ma anche ossa e pelli di grandi dimensioni, utili per la costruzione di capanne), gli uomini incominciarono a dedicarsi in misura maggiore alla caccia ad animali più piccoli come bisonti, uri e cavalli; a ben guardare, l'intera storia della caccia in Europa e anche altrove è un continuo arretramento verso prede sempre più piccole e più numerose e sempre più difficili da sterminare: dai bisonti ai cervi, i cinghiali e i caprioli, da questi ultimi alle lepri, le pernici e le beccacce e infine ai piccoli uccelli migratori.

Diecimila anni fa, dopo l'estinzione dei giganteschi mammiferi dell'emisfero boreale, per le singole tribù di cacciatori e pescatori fu ancora possibile proseguire la loro attività (e infatti continuarono a esistere e ne esistono ancora oggi), ma non fu più possibile per l'umanità nel suo complesso vivere solo di caccia e di raccolta.

Quando il lungo processo di migrazione degli uomini in cerca di terre "promesse" trovò il suo estremo limite sulle frontiere del Sudamerica e della Nuova Zelanda, di fronte alle gelide acque che portavano solo all'Antartide, la nostra specie si trovò a fronteggiare una drammatica alternativa: o aumentare sempre di più l'intensità della competizione o mettere a punto nuove tecnologie che consentissero la produzione di una quantità molto maggiore di risorse alimentari per unità di superficie terrestre. Questa seconda eventualità si verificò con la nascita dell'agricoltura, in corrispondenza della cosiddetta rivoluzione agricola del neolitico, circa diecimila anni fa.

Nello scenario del Medio Oriente, non molto lontano dalle terre che avevano visto, milioni di anni prima, l'origine dell'uomo, iniziò uno degli eventi più straordinari mai accaduti sul nostro pianeta: il Primate bipede, nudo e bellicoso che già da molto tempo dominava sulla Terra, ora aveva esaurito le sue tradizionali fonti di sussistenza e per potere continuare il suo trionfale cammino, iniziava senza esitazione, e certamente anche senza sospetto, lo stravolgimento del suo pianeta.

4. LO ZOO DELL'ARCA

La notte è scesa sul campo e insieme con l'oscurità senza né fuochi né luci, è giunta anche la pioggia, prima più sottile e leggera, poi sempre più percepibile come mormorio di brezza sulle foglie, ticchettio sul terreno fangoso, scroscio sull'acqua del fiume qui di fronte alla mia tenda.

Diecimila anni fa, quando la temperatura della Terra si innalzò e i ghiacciai continentali incominciarono a fondere e a ritirarsi verso nord, una massa enorme di acque si liberò e andò a innalzare e a ridisegnare le linee di costa di tutto il pianeta. Però, questi eventi non si verificarono nel silenzio e nella calma ma furono accompagnati da bagliori di lampi, rimbombi di tuoni, lunghi e forti scrosci di pioggia, piene di fiumi mai conosciute prima di allora, sussulti diversi di un mondo che finiva per sempre e lasciava il passo a una nuova era. «Si ruppero tutte le fonti del grande abisso si aprirono le cateratte del cielo e fu pioggia sulla terra [...] E le acque crebbero [...] e inondarono a dismisura e tutto ricoprirono sulla faccia della terra [...] E sterminò (Iddio) ogni vita sulla Terra, dall'uomo sino alle bestie, rettili e uccelli dell'aria [...] Restò solo Noè e quelli che erano con lui nell'arca».

Diecimila anni fa, pressappoco quando ebbe termine l'ultima glaciazione, alcune popolazioni del Vecchio Mondo iniziarono a modificare il loro stile di vita. Molti dei grandi animali del passato erano scomparsi, spazzati via dai drammatici cambiamenti di clima e forse dall'attività troppo intensa degli uomini-cacciatori. Uno spettatore del loro tempo avrebbe anche potuto pensare che proprio le grandi piogge li avessero portati via per sempre e si sarebbe magari preoccupato di salvarne almeno un campionario che potesse assicurare cibo, pelli e attrezzi di vario genere per l'umanità futura: era necessaria un'arca che garantisse la sopravvivenza degli uomini per mezzo della sopravvivenza degli animali da cui la vita umana dipendeva in tutto e per tutto. Quell'arca nel diluvio fu costruita davvero e navigò nei flutti, anche se non fu una imbarcazione di legno e neppure un oggetto fisico, ma piuttosto una grande conquista culturale: fu la domesticazione che consentì agli uomini di passare dal ruolo di predatori puri e semplici a quello di predatori-simbionti.

Tra i diversi organismi viventi, i rapporti possibili non sono soltanto quelli di predazione e di competizione ma anche quelli di tipo associativo (*simbiosi*) che possono essere distinti in mutualismo, commensalismo e parassitismo. Si parla di mutualismo quando entrambe le parti coinvolte traggono un vantaggio dal loro rapporto associativo, di commensalismo quando una delle due parti trae un vantaggio dall'attività dell'altra senza né giovarle né nuocerle, di parassitismo quando, nel rapporto tra due parti, una è avvantaggiata e l'altra è danneggiata.

Un classico caso di mutualismo è rappresentato dalla famosa associazione tra paguro e attinia: il paguro, accettando la presenza di un'attinia sulla conchiglia che occupa, si procura un efficace mezzo di difesa, rappresentato dai tentacoli urticanti del Celenterato; dal canto suo, l'attinia si trova ad essere trasportata in modo relativamente rapido in località differenti, con un aumento di possibilità di reperire cibo.

Gli esempi di commensalismo sono invece forniti da tutti quegli organismi che si nutrono utilizzando rifiuti prodotti da altri organismi, oppure che si avvantaggiano della loro attività senza interferire in modo serio nella loro esistenza. Per esempio, tra i Mallofagi (minuscoli insetti che vivono sul corpo degli uccelli) diverse specie si nutrono unicamente di residui di cheratina derivante dalla desquamazione degli strati superiori della pelle e delle penne. Tra i vertebrati, uno dei migliori esempi è rappresentato dagli aironi guardabuoi, che catturano gli insetti disturbati e snidati dai movimenti dei grossi mammiferi erbivori sui prati.

I parassiti, infine, sono numerosi e ben conosciuti: rientra in questa definizione un gran numero di animali tra cui, per esempio, le pulci, i pidocchi e le zecche che succhiano il sangue dei vertebrati, gli afidi delle piante che succhiano la linfa dai nuovi germogli, le tenie e gli ascaridi che si installano in diverse parti del corpo di grossi animali sottraendo nutrimento e scaricando anche rifiuti tossici.

Non sempre il confine pratico tra i casi di mutualismo, commensalismo e parassitismo è altrettanto netto come quello teorico: può accadere, per esempio, che alcuni animali mantengano un comportamento intermedio tra quello di commensali e di parassiti o addirittura di mutualisti e di parassiti. Per esempio, molti Mallofagi, oltre a nutrirsi di detriti di cheratina, raccolgono anche sangue dalle piccole ferite e liquidi organici dagli occhi e in tal modo possono ritardare le cicatrizzazioni e aprire anche la strada a pericolose infezioni.

Il rapporto tra gli uomini e gli animali domestici si può considerare prevalentemente di tipo mutualistico: gli animali vengono opportunamente riforniti di cibo, di acqua, di ricovero e di assistenza contro i predatori e contro le malattie; in questo modo, la loro mortalità viene drasticamente ridotta, la sopravvivenza dei piccoli viene aumentata e il risultato pratico è un elevatissimo tasso di crescita demografica con la conseguente possibilità, da parte umana, di prelevare uova, latte, lana o anche una certa quota di vite animali senza pregiudicare la sopravvivenza della popolazione nel suo complesso. In effetti, persino il prelievo di carne, con l'inevitabile macellazione di un numero anche molto rilevante di individui, può benissimo essere visto nell'ambito di un rapporto di simbiosi mutualistica: l'uomo, infatti, garantisce che un elevato numero di individui della specie addomesticata raggiunga l'età riproduttiva e venga messo nelle condizioni di potersi riprodurre; in compenso, sostituisce la mortalità naturale con una mortalità strettamente programmata a proprio esclusivo beneficio.

L'uomo-allevatore, pero, non si limita a sottrarre ai rigori della selezione naturale gli animali che mantiene, ma interviene attivamente mettendo in opera, in modo anche conscio, una selezione "artificiale": per lui, gli animali più adatti per la riproduzione non sono i più vigili, i più veloci, i più aggressivi e i più diffidenti, ma piuttosto quelli che sopportano meglio la sua continua presenza e le ristrettezze di un recinto, quelli che assicurano una maggiore produzione di latte o di uova, o di carne e così via. Questo processo di selezione artificiale è talmente importante ai fini pratici che il processo stesso di domesticazione di un animale può essere definito come l'instaurazione di un controllo da parte dell'uomo sulla sua riproduzione. In natura, i maiali grassi, le galline incapaci di volare o le vacche che producono cinquanta litri di latte al giorno non potrebbero. mai sopravvivere perché risulterebbero gravemente svantaggiati da molti punti di vista; in un ambiente sorvegliato dall'uomo, invece, questi soggetti sono quelli utilizzati di preferenza per la riproduzione e pertanto si diffondono rapidamente.

A ben guardare, non esistono differenze concettuali tra selezione naturale e artificiale. La cosiddetta selezione artificiale altro non è se non una selezione che si svolge in un ambiente particolare, in cui le doti che possono risultare utili per la sopravvivenza sono molto diverse da quelle che entrano in gioco in molti ambienti naturali.

La selezione artificiale, cosi come quella naturale, può dar luogo a effetti evidenti in tempi piuttosto brevi. sono bastati pochi secoli per produrre cani pechinesi o bulldog partendo dai lupi, pochi secoli per produrre super-tacchini da venticinque chili partendo da esemplari selvatici cinque o sei volte più leggeri, pochi decenni per produrre canarini, pappagallini e altri uccelli di colore giallo o bianco partendo da uccellini dalla livrea verde striata. Spesso, l'aspetto esteriore degli animali domestici è talmente diverso da quello delle corrispondenti forme selvatiche da dare l'impressione che si tratti non soltanto di specie ben distinte, ma addirittura appartenenti a famiglie diverse. In effetti, la condizione domestica mette semplicemente in evidenza la potenziale variabilità di aspetto e di comportamento che esiste già nelle popolazioni selvatiche degli animali. In natura, forma, colore, taglia e temperamento sono mantenuti all'interno di un ambito relativamente ristretto di variabilità dalle rigorose pressioni della selezione naturale; in condizioni domestiche, invece, molte costrizioni vengono a cessare-e gli organismi possono assumere una vasta gamma di aspetti e di comportamenti senza doverne necessariamente subire le conseguenze genetiche. Questo è il motivo per cui gli allevatori riescono a ottenere tante razze e varietà ben differenziate nell'ambito della stessa specie; in effetti, essi definiscono a loro piacere lo spazio virtuale di un nuovo ruolo (cioè una nuova nicchia ecologica) e producono su misura, per mezzo della selezione artificiale, un nuovo organismo che lo occupi funzionalmente. In natura, un tale organismo dovrebbe necessariamente essere una nuova specie ma, in condizioni domestiche, ciò non è necessario perché l'isolamento riproduttivo può essere garantito dall'azione deliberata dell'allevatore. Un cane pastore maremmano non è una specie diversa da un pechinese e infatti, se ne avesse occasione, potrebbe benissimo accoppiarsi e avere prole feconda con un cagnolino di questa razza; in pratica, però, ciascuna delle due razze è valutata e mantenuta separata dall'allevatore in quanto funzionale a una utilizzazione ben precisa e nettamente diversa da quella dell'altra, proprio come se si trattasse di due specie distinte. Perciò, a mio parere, la differenza essenziale tra la selezione artificiale e quella naturale non consiste nel tipo di prodotto che si ottiene, ma piuttosto nell'esistenza o meno di un progetto cosciente inteso a ottenerlo. In questo senso, la stessa produzione biotecnologica di organismi geneticamente modificati (OGM) rientra concettualmente nell'ambito della selezione artificiale dalla quale si distingue unicamente per la sua maggiore raffinatezza tecnologica. A questo proposito, è strano che i dubbi e le condanne morali di certa gente si manifestino soltanto di fronte alle tecnologie avanzate e quasi mai di fronte a quelle elementari che consentono di fare esattamente le stesse cose.

Quando gli uomini del neolitico incominciarono a mantenere animali in condizioni domestiche e a praticare su di essi, sia pure ancora in modo approssimativo o addirittura inconscio, la selezione artificiale, essi avevano certamente alle loro spalle una lunga storia di convivenza più o meno stretta con diverse specie di mammiferi: queste si avvicinavano regolarmente ai loro insediamenti e, in qualche caso, si avvantaggiavano dei loro rifiuti, un po' come fanno oggi i passeri, i gabbiani, i ratti e molti altri animali.

Il più antico animale che, in questo modo, visse accanto all'uomo fu certamente il cane che ha lasciato resti fossili già ben differenziati da quelli del suo progenitore, il lupo, a partire da quindicimila anni fa. Se ne deduce che il rapporto tra uomo e cane deve risalire a tempi anche più antichi, il che non è affatto sorprendente se si pensa che le attitudini naturali del cane ne fanno un prezioso ausiliario per la caccia prima ancora che per la pastorizia.

Una volta formatosi il sodalizio tra uomo e cane, erano state poste le basi essenziali per la pastorizia. Il primo animale erbivoro che fu addomesticato in Medio Oriente fu la capra, seguita ben presto dalla pecora, il maiale e l'asino. Novemila anni fa, alcune popolazioni umane insediate presso il fiume Eufrate avevano già a disposizione tutti questi animali e inoltre sapevano già coltivare alcune importanti piante alimentari come il grano, l'orzo, i piselli e le lenticchie. Buoi, cavalli e cammelli si mantennero esclusivamente selvatici ancora per alcune migliaia di anni, ma già cinquemila anni fa i Sumeri disponevano praticamente di tutti gli animali e le piante di maggiore importanza per la civiltà del Vecchio Mondo.

Lo scenario del Medio Oriente è stato indubbiamente di primaria importanza nella storia di *Homo sapiens*: qui, secondo una delle teorie oggi più accreditate, l'uomo moderno si differenziò dal suo predecessore *H. erectus* assumendo il suo attuale aspetto da centomila a cinquantamila anni fa. Qui, nello stesso periodo, dovrebbe essere partita la seconda ondata di dispersione che sarebbe andata a popolare l'Asia, l'Africa e l'Europa eliminando gli antichi *Homo erectus* già insediati in quei luoghi da più di un milione di anni. e successivamente anche l'America e l'Oceania. Vero è che la rivoluzione agricola del neolitico avvenne, in modo del tutto indipendente, anche in America alcune migliaia di anni dopo e nel Sud-Est asiatico addirittura qualche migliaio di anni prima che in Medio Oriente, ma questo non cambia la sostanza delle cose: se analizziamo la realtà del nostro tempo, dobbiamo onestamente riconoscere che la cultura oggi dominante sul nostro pianeta è quella di origine mesopotamica. È giusto, quindi, concentrare la nostra attenzione sulla rivoluzione agricola in questa parte del mondo, indipendentemente da ogni considerazione di priorità cronologica.

La disponibilità, in un modo o nell'altro, di animali domestici significa anche disponibilità di sterco per produrre concime. Questo è certamente uno dei motivi che spiegano perché le pratiche agricole siano iniziate più o meno contemporaneamente con quelle di allevamento. L'altro motivo é di ordine culturale: per potere mantenere sotto controllo gli animali, è necessario assicurare loro un buon pascolo, il che può essere fatto sia seguendoli nei loro eventuali spostamenti (come fanno ancora oggi i lapponi con le renne) sia incendiando i boschi per favorire l'estensione delle zone a prato. In questo secondo caso si inizia a praticare una sorta di semplicissima coltura alimentare per propri animali domestici; è facile, poi, compiere il passo successivo e iniziare a fare qualcosa di analogo anche con le piante di interesse alimentare per l'uomo stesso.

Agricoltura e allevamento dovettero sconvolgere le strutture sociali che erano esistite sulla Terra fino a quel momento. Con i nuovi sistemi, per produrre il necessario per vivere era sufficiente un pezzo di terra molto più piccolo quello che era servito fino a quel momento per cacciare. Per esempio, su un solo ettaro di terreno fertile coltivato oggi nel Terzo Mondo con metodi tradizionali si può produrre ogni anno circa una tonnellata di cereali che può alimentare direttamente anche una mezza dozzina di persone. Dovendo raccogliere una quantità analoga di risorse per mezzo della caccia, sarebbe necessario disporre di uno spazio di circa sessanta chilometri quadrati, vale a dire ben seimila volte superiore (ogni chilometro quadrato equivale cento ettari). Anche se si ammette che la resa delle più antiche coltivazioni fosse molto inferiore rispetto a quella delle più primitive di oggi, il risultato è pur sempre sbalorditivo: di colpo, l'agricoltura e l'allevamento riuscirono a moltiplicare per cento o per mille la potenziale capacità della Terra di nutrire gli uomini; non c'é da stupirsi che la Mesopotamia sia stata per molto tempo una forte esportatrice di alimenti e che proprio qui siano sorti i primi Stati organizzati del Vecchio Mondo. Le piccole comunità umane che, per lungo tempo, avevano controllato territori di 'migliaia di chilometri quadrati senza mai superare l'ordine di grandezza di alcune centinaia o poche migliaia di individui, ebbero improvvisamente la possibilità di moltiplicare il loro numero per cento or per mille senza essere obbligate per questo a estendere il loro spazio vitale. Il numero maggiore significò immediatamente una migliore organizzazione e una ben maggiore sicurezza e di certo non è un caso che le tradizionali raccomandazioni religiose a crescere e moltiplicarsi risalgano pressappoco a questo periodo e a questa zona del mondo.

Naturalmente, non era in alcun modo possibile che questo grandioso cambiamento non avesse un prezzo: sia l'allevamento, sia, a maggior ragione, l'agricoltura, sono pratiche che, a differenza della caccia, impongono un tipo di ambiente molto particolare: prato più o meno libero da alberi nel primo caso, terra arabile quanto più possibile libera sia da alberi sia da erbe "infestanti" (cioè rigogliose ma non desiderate) nel secondo caso. Per potere allevare pecore oppure coltivare grano o lenticchie è necessario fare piazza pulita della vegetazione naturale. Ciò significa, in ultima analisi; trasferire spazio vitale e risorse dalle popolazioni locali degli animali selvatici a quelle degli animali domestici e degli uomini: per esempio, se cento ettari di bosco vengono convertiti in campi di grano, tutti gli animali del bosco che prima vivevano in quello spazio, necessariamente scompariranno, non potendo né adattarsi a vivere in un campo di cereali né trasferirsi in altri terreni coperti di bosco che; inevitabilmente, saranno già occupati da altri animali di bosco.

I pascoli e i coltivi tenderanno a venire colonizzati da nuovi animali abitatori degli spazi aperti e capaci di sfruttare le nuove risorse; per esempio, vi potrebbero giungere erbivori selvatici che tenderebbero a usare i pascoli in competizione con il bestiame domestico o i coltivi in competizione diretta con l'uomo, vi potrebbero effettuare scorrerie più o meno regolari grossi carnivori come tigri o leoni che cercherebbero di usare la risorsa costituita dagli erbivori selvatici o, ancor meglio, da quelli domestici che sono anche più facili da catturare. In ogni caso, tutte queste nuove colonizzazioni e scorrerie saranno attivamente osteggiate dagli uomini-pastori e coltivatori che cercheranno di difendere con ogni mezzo il frutto del loro duro lavoro, ormai divenuto essenziale alla sopravvivenza stessa della nuova comunità.

A poco a poco, gli antichi territori di caccia si trasformarono necessariamente in territori-mosaico dove gli originari ambienti naturali, boschi; paludi, praterie o altro, si alternavano con coltivi e villaggi. Non c'è alcun dubbio che la crescita dovette essere relativamente lenta e che gli ambienti naturali siano rimasti gli elementi fondamentali del territorio ancora per migliaia di anni; è anche vero, però, che in alcune zone i processi di trasformazione furono accelerati e moltiplicati anche dalle nuove esigenze della società urbana, industriale e commerciale che si andava costituendo. Ben presto, i popoli più avanzati si resero conto che l'attività di coltivazione in terreni fertili come quello della Mesopotamia o della valle del Nilo poteva persino fornire eccedenze di cibo e che queste potevano venire convenientemente esportate. La ricchezza in tal modo accumulata permise la costruzione di nuovi insediamenti di qualità più elevata rispetto a quelli antichi e stimolò anche la costruzione di nuovi mezzi di trasporto, essenzialmente navi, destinati al commercio.

Incominciò cosi un sistematico attacco alla foresta che andava anche oltre le necessità di reperimento di terra per il pascolo o per i coltivi. La foresta forniva il legno che serviva sia come materiale da costruzione sia come fonte di energia per una popolazione sempre più numerosa e sempre più esigente. Seimila anni fa, la regione compresa tra il fiume Tigri e l'Eufrate era soprannominata "la mezzaluna fertile" e, oltre a fornire cibo a una popolazione compresa tra i diciassette e i venticinque milioni di persone, era anche nota come esportatrice di alimenti. La popolazione, però, continuò a crescere e il taglio del legname proseguì con un ritmo sempre più rapido; oltre tutto, la regione era abitata anche da pastori nomadi che avevano sempre bisogno di nuovi pascoli e che, non potendo utilizzare le terre del fondovalle (facilmente irrigabili e quindi monopolizzate dagli agricoltori sedentari), cercavano di strappare spazio soprattutto alle foreste insediate sulle pendici dei monti.

Scomparsa la foresta, il suolo divenne sempre più vulnerabile alle forze erosive: la pioggia, che non veniva più assorbita dal terreno, incominciò a fluire lungo le pendici dei monti portando via il sottile strato di suolo fertile e riducendo ben presto l'intera superficie a una nuda distesa di sassi. Il resto fu fatto dalle greggi che continuavano a strappare i nuovi alberelli che spuntavano finché non rimase che un'allucinante distesa lunare.

Oggi, osservando le immagini desolate dello Shatt Al Arab (le foci del Tigri e dell'Eufrate nel golfo Persico, si stenta a credere che questa area possa essere stata la culla delle prime civiltà del mondo occidentale.

È anche difficile credere, viaggiando sul Mediterraneo, che le isole brulle e sassose che si incontrano un po' ovunque, un tempo possano essere state ricoperte di fitte foreste e popolate da una fauna varia e numerosa. Eppure, i paesaggi che oggi possiamo osservare in Sicilia, a Creta, in Dalmazia o sull'Egeo sono il prodotto di una millenaria attività di disboscamento al servizio di cantieri navali dei Fenici, dei Greci, dei

Romani e dei Veneti. Ce ne ha lasciato una drammatica testimonianza Platone nel Crizia, in una descrizione della sua Attica: «Sono rimaste queste ossa quasi di corpo infermo, essendo colata via la terra grassa e molle e rimasto soltanto il corpo magro della terra. Ma, nel suo stato primitivo, aveva come monti alte colline e le pianure erano piene di terra grassa e sui monti vi era molta selva».

Dopo la totale eliminazione della foresta, le terre mediterranee venivano ancora usate per il pascolo finché dal terreno non emergeva la nuda roccia che oggi, infatti, costituisce il motivo dominante del paesaggio, in Grecia come in Dalmazia.

Non c'é da stupirsi che, in tali condizioni, la fauna selvatica abbia continuato a perdere terreno. Ai tempi degli Assiri e dei Babilonesi, in Mesopotamia vivevano elefanti asiatici, struzzi, leoni e tigri. Nell'anno 850 a.C., il re dell'impero assiro Assur-nasir-pal uccise trenta elefanti in una sola battuta di caccia e volle che la sua impresa fosse ricordata in un'iscrizione. A questa stessa varietà "mesopotamica" (oggi completamente scomparsa) dell'elefante asiatico appartenevano probabilmente anche i più famosi elefanti che Pirro portò in Italia contro Roma e quelli che il re siriano Antioco III schierò a Rafia contro l'egiziano Tolomeo IV nel 217 a.C.

I leoni e le tigri durarono molto più a lungo, sia perché erano già in origine più diffusi degli elefanti, sia perché riuscivano a sopravvivere anche in frammenti relativamente piccoli del loro originario habitat. Della presenza storica di leoni persino in Europa sud-orientale ci hanno lasciato notizia Omero, Aristotele, Senofonte ed Erodoto; la ritirata di questi animali verso oriente fu continua ma piuttosto lenta, tanto è vero che gli ultimi leoni della Mesopotamia furono uccisi soltanto nel 1923 e che ancor oggi, in India, un ultimo nucleo di leoni eurasiatici sopravvive nella Riserva di Gir.

Ancora peggiore di quella degli animali completamente selvatici fu la sorte delle specie che avevano subito anche il processo di domesticazione o per meglio dire, di quelle popolazioni di capre, pecore buoi, cavalli e cammelli che erano riuscite a sfuggire al destino della maggioranza dei loro conspecifici ed erano rimaste libere nei loro ambienti di origine.

59

Questi animali, perlopiù, scomparvero del tutto oppure dovettero ritirarsi in regioni del tutto remote e inospitali riducendosi a nuclei assolutamente minimi. Le principali ragioni del loro declino furono da un lato la concorrenza alimentare delle mandrie domestiche appartenenti alle stesse specie sui pascoli di ogni località minimamente accessibile, dall'altro la crescente difficoltà di evitare meticciamenti e quindi assorbimenti all'interno di queste mandrie che divenivano sempre più numerose La vittima più illustre di questa situaz1one fu l'uro, maestoso antenato del bue domestico che, fino ad alcune migliaia di anni fa, aveva popolato l'Asia occidentale, l'Africa settentrionale e buona parte dell'Europa. Ai tempi di Giulio Cesare, che ne ha lasciato una buona descrizione, era ormai scomparso sia dall'Asia occidentale sia dall'Italia e sopravviveva nelle foreste ancora pressoché intatte dell'Europa centrale. Alcuni esemplari riuscirono a resistere in Germania fino all'inizio del diciassettesimo secolo, grazie alla protezione offerta da alcune Riserve come quella della foresta di Neuenburg, in Bassa Baviera, quella del duca di Albrecht, presso Konigsberg o quella del ducato di Masovia, nella Prussia orientale. Proprio da quest'ultima località é rimasto un diario dei guardiacaccia che fornisce le ultime notizie su questo favoloso animale, perseguitato dai bracconieri: trenta esemplari superstiti nel 1565, quattro nel, 1620, l'ultimo morto nel 1627.

Anche i cavalli selvatici erano diffusi su gran parte dell'Europa fino ai tempi del neolitico, come è dimostrato chiaramente da pitture e graffiti rupestri ritrovati 1n varie grotte. Essi, però arretrarono sempre più verso oriente e non se ne seppe più nulla fino al 1879 quando un gruppetto di insperati superstiti fu ritrovato nelle terre dei Kirghisi dal capitano russo di cavalleria Nikolaj Michajlovich Przewalski. Da allora, i cavalli di Przewalski (così sono stati denominati dallo zoologo Poljakov che li descrisse nel 1881) hanno ulteriormente ridotto la loro area di diffusione arroccandosi sugli altipiani di Bajtag Bogdo Nuru e di Takm-Shara Nuru in Mongolia. Alcune centinaia si trovano anche in diversi zoo di tutto il mondo e si confida perciò di poterli salvare dalla totale estinzione mediante un programma di riproduzione in cattività o in condizioni di semilibertà.

L'asino selvatico africano, antenato di quello domestico, è sopravvissuto con piccolissime popolazioni stanziate in remote zone dell'Eritrea e forse anche del Sahara Orientale mentre in Somalia e in Etiopia rimangono alcune migliaia di esemplari di una sottospecie molto simile, l'asino somalo. In Africa orientale, comunque gli asini domestici presentano ancora oggi un aspetto molto simile a quello degli animali selvatici superstiti.

Pecore e capre domestiche pur essendo tanto comuni e familiari, emergono da un passato quasi ignoto. Delle capre si suppone che siano perlopiù i diretti discendenti della capra del Bezoar ancor oggi presente dall'India fino al Caucaso; in Asia, però, alcune capre domestiche assomigliano di più alla capra di Falconer o Markor dell'Himalaya dalle coma a cavatappi, e qualcuno perciò ha ipotizzato che anche questa specie abbia avuto una parte nell'origine di alcune razze orientali. Scomparsi nel nulla sembrano invece gli antenati delle pecore, eccezion fatta per il muflone della Sardegna e della Corsica che, a quanto pare, sarebbe semplicemente una primitiva pecora domestica importata in queste isole in epoche antichissime e ivi rinselvatichita; in pratica, non la vera e propria pecora selvatica ancestrale ma qualcosa di abbastanza simile ad essa.

Una situazione molto particolare è quella dei cammelli: di quello a due gobbe, il cammello della Battriana, esiste ancora una popolazione selvatica nel deserto del Gobi, in Asia centrale; di quello a una sola gobba, il dromedario, sono note unicamente popolazioni domestiche che, dalla originaria Arabia, sono giunte anche in Africa fin dai tempi di Maometto e poi in Australia molto più recentemente. È possibile che si tratti di due specie distinte, sia pure differenziatesi poche migliaia di anni fa, ma è anche possibile che, in realtà, il dromedario altro non sia se non un prodotto della selezione artificiale ottenuto partendo da cammelli a due gobbe. Si spiegherebbe così perché questo animale non esista allo stato libero e perché, nelle zone in cui i dromedari convivono con i cammelli della Battriana, gli ibridi (o meticci?) siano tanto comuni da costituire addirittura il 20-25% della popolazione complessiva.

A partire dai tempi della loro domesticazione, gli animali associati con l'uomo divennero sempre più numerosi, a spese degli altri che si ritiravano nei boschi, sulle montagne o verso le terre più lontane e ancora inesplorate. Con l'agricoltura e l'allevamento, tutta la produzione e l'utilizzazione di materia vivente sulla Terra venne sempre più nettamente orientata in senso favorevole alla nostra specie e ai suoi mutualisti: la produzione di cellulosa in forma di erba, ai limiti del possibile, doveva essere destinata ai soli erbivori domestici; per il resto, la terra avrebbe dovuto produrre alimenti utili agli uomini ospitando coltivazioni di piante ricche di amido come il grano, l'orzo, le lenticchie o altro.

Man mano che gli uomini-coltivatori dilagavano sul pianeta, essi erano costretti a distruggere nuovi ambienti naturali e a sacrificare nuove popolazioni di animali selvatici per riuscire a crescere e moltiplicarsi. Dalle aree di origine dell'agricoltura, invasero dapprima tutto il Vecchio Continente, poi valicarono gli oceani sbarcando ovunque potevano per sostituire la vegetazione originaria con le loro piante alimentari, gli animali selvatici con i loro buoi, capre, pecore, maiali e galline, gli stessi uomini-cacciatori che ancora vivevano laggiù con loro stessi e la loro stirpe.

Quella sconvolgente invasione iniziata diecimila anni fa tra il Tigri e l'Eufrate non è ancora finita. Anzi, non si sa neppure se finirà e, almeno per ora, non si vede affatto quando possa finire né come possa accadere che finisca.

5. CRESCETE E MOLTIPLICATEVI

In una notte qualsiasi del mese di agosto del 1988, mentre io riposavo in una tenda sul fiume Mara, sul nostro pianeta dormivano oppure erano intenti alle loro attività altri cinque miliardi di esseri umani. Per inciso, al momento in cui scrivo questa seconda edizione (aprile 2015) sono più di sette miliardi. È stata la trasformazione a nostro vantaggio dei diversi ambienti della Terra che ci ha consentito di moltiplicare il nostro numero-limite di uomini-cacciatori per cinquecento o forse per mille. Dai cinque o dieci milioni iniziali, abbiamo raggiunto i cento milioni ai tempi della fondazione di Roma, il primo miliardo a metà del secolo diciannovesimo, il quinto nel 1987, il sesto nel 1999, il settimo nel 2011. In tutto questo tempo, abbiamo continuato sempre più velocemente a guadagnare terreno per la nostra specie e per quelle delle nostre piante e dei nostri animali domestici riducendo in proporzione lo spazio disponibile per le piante e gli animali selvatici e dunque anche l'entità delle popolazioni delle loro specie.

Per fronteggiare la situazione che si è venuta a determinare in seguito alla rivoluzione agricola, le diverse popolazioni di uomini-agricoltori hanno continuato a comportarsi fino ad oggi pressappoco come le antiche tribù di uomini-cacciatori: hanno delimitato territori idonei alla produzione di cibo che però, a parità di superficie, potevano ospitare un numero molto maggiore di persone. In tali condizioni, per mantenere l'ordine, ben presto hanno dovuto ricorrere a forme di organizzazione sociale molto più complesse rispetto a quelle del passato. Le nuove società sono state chiamate stati e, in ciascuno di essi, è stato perseguito l'obiettivo di mantenere o anche di allargare i confini nazionali per assicurarsi una sufficiente quantità di spazio vitale. Questo modello di comportamento ha dato luogo a frequenti interferenze reciproche e quindi a un gran numero di scontri, analoghi a quelli che avevano luogo tra le diverse tribù degli uomini-cacciatori, tranne che per la scala molto maggiore su cui questi scontri si svolgono e per i mezzi tecnologici via via sempre superiori con cui essi si combattono.

Fin dai tempi più remoti, sia le esigenze dell'agricoltura, sia quelle della macchina bellica utilizzata per difenderla e promuoverla, stimolarono e accelerarono anche la produzione di beni di carattere non alimentare: spade, elmi, scudi, aratri, carri e via dicendo, in una parola di beni industriali, destinati, in modi diversi, ad assicurare la produzione e il controllo dei beni alimentari. Oggi, la tecnologia industriale è enormemente progredita in confronto con quella di quei tempi e anche la produzione di beni è straordinariamente aumentata in senso sia qualitativo sia quantitativo: disponiamo di aeroplani, automobili, autocarri, treni, trebbiatrici agricole, televisori, calcolatori elettronici, frigoriferi, presse idrauliche e di moltissimi altri strumenti destinati a ogni genere concepibile di operazioni. Di solito, siamo abituati a pensare a tutti questi strumenti come a qualcosa che è in grado di renderci la vita più facile e più comoda; è raro, se pure ci è mai capitato, che veniamo sfiorati dal dubbio che tutto ciò, ormai, sia assolutamente indispensabile per la nostra sopravvivenza. Eppure, a ben guardare, le cose stanno proprio cosi: oggi, le macchine servono per produrre, spostare, distribuire e difendere il cibo e, in mancanza di esse, la produzione crollerebbe letteralmente a un decimo o un centesimo di quello che si può ottenere utilizzandole. Le fredde statistiche sulla produzione per ettaro nei paesi industriali e, rispettivamente, in quelli del Terzo Mondo sono decisamente illuminanti da questo punto di vista. Le macchine consentono un'efficienza molto maggiore in ogni operazione immaginabile: rivoltano la terra, irrigano, combattono i parassiti, raccolgono, conservano e trasportano i prodotti; le macchine consentono anche rapidi ed essenziali scambi di informazioni senza spostamenti fisici di esseri umani, e consentono anche rapidi spostamenti fisici di pochi uomini che hanno il compito di prendere continuamente importanti decisioni riguardanti, in ultima analisi, la produzione e la distribuzione degli alimenti e degli strumenti necessari per produrli e distribuirli.

Certo, le macchine consumano energia e fanno aumentare molto il costo energetico degli alimenti prodotti ma, dovendo assicurare la sopravvivenza di oltre sette miliardi di esseri umani, non si può davvero andare troppo per il sottile. Se i trattori non lavorassero la terra, se gli aerei non la irrorassero regolarmente, se i telefoni non squillassero continuamente e se le autostrade non si affollassero di autocarri e automobili, ben presto milioni di persone morirebbero di fame; la tecnologia, tanto aborrita da alcuni vacui sognatori, costituisce in realtà il mezzo che consente di mantenere in vita, sia pure con tanta difficoltà e in mezzo a tanti problemi, un numero tanto grande di esseri umani.

È ben difficile che qualcuno di noi si soffermi a riflettere sulle conseguenze delle trasformazioni da noi stessi umani operate sulla Terra: oggi, il nostro pianeta può essere paragonato a una fattoria dove si allevano polli o vitelli in batteria producendo in loco tutto il cibo necessario. Ogni anno, il responsabile degli allevamenti costruisce nuovi capannoni e installa nuove gabbie per aumentare le nascite e ogni anno il responsabile delle coltivazioni è costretto a escogitare nuovi sistemi per far crescere una maggiore quantità di mais, avena, riso o quant'altro possa servire per l'alimentazione degli animali. Finché può, il coltivatore taglia boschi e prosciuga paludi guadagnando terreno utile per i suoi scopi; poi, quando ha esaurito tutta la terra disponibile, si sforza di aumentare la produzione per unità di superficie con tutti i mezzi possibili, nessuno escluso: uso di macchine, di concimi chimici, di pesticidi e via dicendo.

Man mano che il numero degli animali allevati aumenta e che l'estensione del terreno non ancora coltivato diminuisce, il sistema diventa sempre più precario; anzi, a un certo punto, diventa una vorticosa macchina di produzione dove gli animali allevati sono confinati in spazi sempre più ristretti, dove lo smaltimento dei rifiuti diventa sempre più problematico e dove il paesaggio si va trasformando sempre di più in relazione con le esigenze della produzione. Infine, quando l'intensità di utilizzazione del suolo è divenuta elevatissima, quando tutta la terra di riserva è stata esaurita e la precarietà è ormai giunta al massimo livello possibile, allora diviene comunque necessario stabilizzare la produzione di alimenti e anche i numeri degli animali allevati per evitare il collasso.

Un sistema ecologico come quello umano che coinvolge un basso numero di specie e, per potersi sostenere, richiede un continuo apporto di energia dall'esterno può essere definito come «ecosistema a nutrizione forzata». Si tratta di un tipo di ecosistema particolarmente fragile, in cui i trasferimenti di energia non si svolgono più nel dedalo delle numerose maglie di una rete ma lungo il percorso obbligato di una catena che continua a ingigantirsi senza mai complicare né stabilizzare la sua struttura interna. È come un gigantesco vortice di materia vivente uniforme che continua a reclutare nuova materia e che richiede un'immissione sempre maggiore di energia per continuare a girare. Ogni anno, sul nostro pianeta, la produzione di alimenti a uso e consumo umano deve necessariamente aumentare di una quantità pari a circa 30 milioni di tonnellate di cereali soltanto per compensare il puro e semplice aumento della popolazione; ogni anno, per fronteggiare questa situazione, deve anche aumentare il consumo di energia, di acqua, di fertilizzanti e di pesticidi e quindi anche la quantità di sostanze inquinanti che vengono immesse nell'ecosistema; per contro, deve fatalmente diminuire l'estensione degli ambienti naturali, il numero di individui e di specie di piante e di animali selvatici e il margine di sicurezza dell'intero sistema. È un'autentica corsa verso la precarietà, verso l'aumento delle pulsioni aggressive e ogni altro problema legato alla sovrappopolazione. Certo, il funzionamento di questa macchina sembra dipendere soltanto da fattori oggettivi piuttosto che dall'azione volontaria di singoli uomini, ma questo non è affatto un motivo di consolazione.

Per fronteggiare gli enormi problemi del presente, non ci servono affatto, i rottami ideologici che abbiamo ereditato dai tempi oscuri. Ci si deve guardare dalla continua tentazione di inventare nuove superstizioni e nuove magie. In verità, il pianeta non se le può più permettere, proprio a causa della sua nuova dipendenza dalla tecnologia per la pura e semplice alimentazione di oltre sette miliardi di esseri umani. Finché eravamo poche centinaia di milioni, potevamo permetterci di viaggiare a cavallo e di sapere le cose un po' a spanne, e potevamo anche permetterci il lusso di adorare divinità imperscrutabili, utili a organizzare feste collettive, a educare alla obbedienza e alla fede popolazioni bisognose di guida, a rassicurare con un complesso sistema di credenze chi non sapeva neppure leggere e scrivere. Il pianeta era ancora pieno-di risorse non sfruttate e, nonostante le pestilenze, le guerre e le carestie, riusciva comunque a mantenere in funzione l'ecosistema umano sopportando ampi margini di errore. Oggi, per assicurare il minimo indispensabile a settemila milioni di persone, per amore o per forza, abbiamo dovuto scegliere la via della conoscenza scientifica e ora non possiamo di certo permetterci il lusso di abbandonarci a fantasie mentre l'ecosistema in cui siamo inseriti rischia un collasso di proporzioni mai conosciute nella storia passata.

Del resto, sappiamo già molto bene quali siano le conseguenze pratiche della sovrappopolazione, e se fingiamo di dimenticarlo, è solo perché certi fatti della storia sono troppo terribili perché si possa avere voglia di raccontarli o anche soltanto di ricordarli in modo strettamente oggettivo. Per molto tempo, inoltre, la cultura dominante ha preteso di separare la nostra specie da tutte le altre e di considerare un'onta la nostra eventuale discendenza da antichi antenati scimmieschi, ma non da antichi esseri umani che avessero ucciso, torturato o ridotto in schiavitù migliaia o milioni di loro conspecifici.

Oggi le cose stanno cambiando e i moderni studi storici riesaminano alcuni grandi eventi del passato in. una luce completamente diversa. Uno dei più interessanti tra questi studi è quello dell'americano Alfred Crosby sulla «espansione biologica dell'Europa» e cioè l'invasione da parte degli europei delle terre di oltremare che Crosby definisce «neo-Europe»: Americhe, Australia, Nuova Zelanda.

Nel secolo diciassettesimo, quando gli europei iniziarono a migrare oltre l'Atlantico, la popolazione mondiale si aggirava intorno ai 500 milioni di abitanti dei quali 100 vivevano in Europa, 100 in Africa, 250-350 in Asia e alcune decine di milioni in tutto il resto del mondo. In America, la rivoluzione agricola si era verificata solo da 5000 anni circa e le civiltà più progredite dal punto di vista tecnologico erano appena giunte alle prime fasi della metallurgia. Secondo le valutazioni più accreditate, il Nordamerica contava almeno un milione di abitanti che vivevano essenzialmente di caccia e l'America latina 10-15, alcuni dei quali erano in uno stadio di cultura generale paragonabile a quella degli immediati predecessori dei Sumeri.

Insieme con gli invasori europei, giunsero dal Vecchio Continente animali domestici, piante infestanti e micidiali malattie infettive che avanzarono insieme verso l'interno sconvolgendo l'ambiente e provocando, direttamente o indirettamente, la morte di un enorme numero di persone. Gli indigeni del Nuovo Continente furono falciati dal vaiolo, furono affamati dai cacciatori-avventurieri che, al soldo delle compagnie ferroviarie, distruggevano le loro fonti di cibo sterminando le mandrie dei bisonti, e furono anche uccisi direttamente a fucilate dai cacciatori di taglie e dai soldati che li aggredivano per conto del "governo" degli invasori europei. Oggi, ai superstiti Amerindi non viene neppure concesso l'onore delle armi: scorrendo l'enciclopedia geografica Il Milione, si può leggere semplicemente che *"gli indiani, che erano ancora a un livello primitivo di civiltà, da un lato non diedero praticamente nessun apporto alla costruzione di quella che sarà la civiltà degli Stati Uniti; dall'altro furono sopraffatti con relativa facilità dagli europei, respinti sempre più indietro, dalla costa verso l'interno."*

Non molto diversamente andarono le cose nelle altre terre che Crosby definisce neo-Europe. Particolarmente ben documentata risulta l'invasione della Nuova Zelanda, un arcipelago situato praticamente agli antipodi dell'Italia, in una posizione geografica e climatica particolarmente favorevole alle esigenze dei coloni europei. Quando il capitano James Cook vi sbarcò per la prima volta, nel 1769, la Nuova Zelanda era già occupata da una popolazione di 100-200 mila abitanti di origine polinesiana, i Maori, che vi erano sbarcati otto secoli prima, avevano a loro volta eliminato i precedenti indigeni e vi avevano impiantato una economia mista di agricoltura e di caccia. L'ambiente naturale che essi avevano trovato era molto diverso da quello delle loro isole di origine ed era anche molto diverso da quello di ogni altra parte del mondo: ovunque, crescevano sorprendenti foreste in cui il 90% delle piante era costituito da endemismi e cioè specialità esclusive dell'arcipelago, i mammiferi erano praticamente assenti (escluse soltanto alcune specie di pipistrelli e una di foca), i rettili contavano uno straordinario e assolutamente unico

68

superstite dell'era secondaria, il tuatara, e gli uccelli erano presenti con molte specie incapaci di volare e decisamente strane come il kakapo (un grosso pappagallo notturno), i kiwi e, ancor più, gli enormi moa o uccelli elefanti, alti fino a tre metri e mezzo e dotati di zampe enormi.

Già l'impatto dei Maori (e forse ancor più quello dei loro predecessori melanesiani) sulla fauna locale era stato notevole: dal loro primo sbarco all'arrivo di Cook si erano già estinte ben 34 specie di uccelli tra cui tutti i moa; tuttavia, gli ambienti naturali erano stati alterati in misura relativamente modesta. Molto più radicale fu l'azione degli europei che, oltre tutto, si trovarono ad avere un importante vantaggio climatico oltre a quello tecnologico: le loro coltivazioni, infatti, a base di piante provenienti da zone temperate, erano molto più adatte al clima della Nuova Zelanda rispetto a quelle di origine tropicale dei Maori.

Già il capitano Cook fece seminare cavoli, barbabietole e patate e lasciò in libertà montoni, maiali e capre; in seguito, l'introduzione di piante e animali proseguì senza sosta, tanto che oggi, in Nuova Zelanda, sono presenti ben 48 specie di piante e 65 di animali esotici di origine in prevalenza europea. Tra gli animali si annoverano cervi, camosci, cammelli, conigli, canguri, ermellini, donnole, furetti, fagiani, corvi, merli, cardellini, fringuelli e molti altri uccelli di origine europea.

L'intero ecosistema umano europeo fu trasferito a forza nel Pacifico meridionale, così come era stato-già trasferito al di là dell'Atlantico, con il risultato ultimo di dirottare energia, in forma di materia vivente, dagli organismi originari della Nuova Zelanda e dai Maori alle piante, gli animali e gli uomini provenienti dall'Europa. Le foreste furono in gran parte dissodate e sostituite da coltivi e da pascoli, questi ultimi furono popolati da pecore (che, ironicamente, oggi sono considerate dal grande pubblico come una vera e propria specialità dell'arcipelago), gli animali indigeni, sottoposti alla predazione e alla competizione dei mammiferi e degli uccelli giunti dall'Europa, in qualche caso, furono completamente sterminati, in molti altri casi furono ridotti sull'orlo dell'estinzione, i Maori, privati del tutto delle loro terre, decimati dalle malattie infettive portate con sé dagli invasori, umiliati dall'alcolismo e dalle sconfitte militari, verso la fine del diciannovesimo secolo erano ridotti a poco più di quarantamila, un quinto o al massimo un terzo di quanti erano stati appena un secolo prima. In compenso, nel 1870, gli abitanti di origine europea erano già duecentocinquantamila, i cavalli ottantamila, i bovini quattrocentomila e le pecore ben nove milioni.

L'impatto degli europei in America, cosi come in Nuova Zelanda, in Australia o altrove, diede luogo a una serie di eventi abbastanza analoghi a quelli che si possono osservare in seguito all'introduzione di una specie esotica aggressiva in una nuova area geografica.

Se la nuova specie non riesce a sistemarsi in una adeguata nicchia ecologica eventualmente vacante, essa tenterà di trovarsene una nuova sostituendo altre specie in tutto o in parte. Per esempio, quando dalla Siberia giunse in Europa il ratto delle chiaviche, il ratto nero fu costretto a cedergli buona parte dei suoi ambienti e a ritirarsi nei solai; quando dal Nordamerica giunse nelle isole britanniche lo scoiattolo grigio, l'originario scoiattolo europeo incominciò a perdere terreno, sia a causa di un virus di cui il grigio era portatore sano sia a causa dell'invadenza fisica del grigio, che non soltanto riusciva ad assicurarsi il controllo di tutti gli ambienti di migliore qualità, ma sopportava anche molto meglio la presenza umana.

Il comportamento degli esseri umani che invadono nuove terre nei confronti dei loro conspecifici indigeni differisce da quello della maggior parte degli altri animali per un importante particolare: gli uomini non si limitano a tentare di occupare in tutto o in parte l'habitat dei loro predecessori, ma si danno anche da fare per ridurne l'estensione o per cancellarlo del tutto e sostituirlo con uno nuovo ad essi più congeniale. Il successo di una operazione di questo tipo dipende, in notevole misura, dalle caratteristiche climatiche della terra raggiunta, che determinano la possibilità di replicare i modelli di vita a cui gli invasori sono avvezzi; giocano, poi, la loro parte anche il divario tecnologico e i rapporti numerici tra invasori e invasi tanto è vero che in Africa, dove le popolazioni indigene lavoravano già bene il ferro ed erano molto più numerose e molto meglio adattate alle malattie del Vecchio Mondo di quanto non lo fossero le genti dell'America o dell'Oceania, gli europei incontrarono ben maggiori difficoltà e furono infine costretti a ritirarsi dalla maggior parte del continente, esclusa soltanto la sua parte più meridionale dove il clima è più simile a quello delle loro zone di origine (anche qui, comunque, l'insediamento stabile dei coloni ha incontrato e incontra tuttora enormi ostacoli, anche dopo la rivoluzione democratica di Mandela).

Si può anche condannare la politica imperialista e si possono anche giudicare molto duramente le iniziative di espansione coloniale, specialmente se accompagnate da genocidi di vaste proporzioni. Tuttavia, a giudicare dagli enormi sconvolgimenti che ancora oggi, sotto i nostri occhi, stanno accadendo in Amazzonia, dobbiamo anche riconoscere che queste condanne sono assolutamente inutili ai fini pratici. Se consideriamo che un genocidio sia un male, dovremmo fuggire le occasioni del male e cioè dovremmo sforzarci di evitare che si creino le condizioni biologiche in cui possono verificarsi fenomeni di forte competizione tra diverse popolazioni umane. Se si vuole essere onesti, infatti, si deve anche ammettere che un forte aumento di popolazione in una zona del mondo tanto frastagliata e bagnata dal mare quanto l'Europa occidentale non poteva suggerire altro che il tentativo di valicare i mari in cerca di nuove terre da popolare. Che altro avrebbero potuto fare, per esempio, gli irlandesi martoriati dalla terribile carestia che, nel 1845-1847, provocò la morte per fame di oltre un milione di persone? Potevano seriamente preoccuparsi della sorte degli Amerindi - una volta tanto qualcuno più debole di loro - sulle cui terre essi sbarcavano alla ventura cercando i mezzi di cui avevano bisogno per sopravvivere?
Nessun biologo serio, vorrei dire nessuna persona ragionevole, può dubitare del fatto che un aumento di popolazione su un territorio di estensione finita dovrà necessariamente dar luogo a una pressione di espansione verso l'esterno, con risultati diversi a seconda del tipo di ambiente e di popolazioni umane con cui si verrà a contatto: si potrà avere invasione con assorbimento e/o genocidio in caso di ambiente idoneo e di indigeni inermi e poco numerosi, guerra più o meno prolungata, sanguinosa e di esito incerto o alterno in caso di sostanziale equilibrio di forze, emigrazione alla spicciolata in caso di superiorità delle forze straniere.
Gli esempi storici sopra riportati sono relativi alla prima ipotesi; sulla seconda, gli esempi possibili sono fin troppo numerosi, dall'invasione della Grecia da parte dei Persiani fino alle continue guerre

contemporanee della NATO in Medio Oriente ed Europa orientale; sulla terza, abbiamo di fronte a noi lo spettacolo dei migranti profughi, affamati e disperati del Terzo Mondo costretti a fuggire da un inferno cercando qualsiasi modo per sopravvivere nei paesi del cosiddetto mondo occidentale tentando di ottenere in modo pacifico l'assorbimento all'interno di altre popolazioni molto più ricche e quindi la virtuale assegnazione di una propria fetta di risorse vitali.

Certo, la pressione verso l'esterno non è l'unico modo per tentare di risolvere i propri problemi, e infatti non è l'unica strategia che viene messa in atto: in genere, quando si aumenta di numero si mettono anche a punto vari sistemi di sfruttamento più intenso e, al tempo stesso, anche più razionale del territorio disponibile. Un esempio illuminante di queste vere e proprie "strategie alternative" si può trovare nelle culture alimentari dei due paesi più popolosi dell'Asia, l'India e la Cina.

In India, la tendenza prevalente per cercare di ottimizzare l'uso razionale del cibo disponibile è stata quella di andare a ricoprire, all'interno dell'ecosistema, un ruolo di consumatori di primo ordine e cioè di vegetariani. In questo modo, la quantità di cibo disponibile, almeno in teoria, diventa molto maggiore perché c'è un solo passaggio di conversione, quello dell'energia solare in materia vivente della pianta. Che il rendimento energetico di questo passaggio sia molto basso (1% circa) è del tutto irrilevante perché l'energia solare è disponibile in quantità che, ai fini pratici, si può considerare infinita; un inconveniente più serio è costituito dal fatto che la cellulosa non è commestibile per gli esseri umani e che pertanto, se non viene utilizzata come mangime per erbivori capaci di convertirla, risulta sprecata ai fini dell'ecosistema umano. A questo inconveniente si può ovviare almeno in parte destinando la cellulosa alla alimentazione di bovini di cui ci si limita poi a sfruttare il latte direttamente per l'alimentazione, le feci come combustibile, la forza-lavoro per l'aratura dei campi, escludendo, con motivazioni religiose, la loro uccisione. L'espressione filosofica più compiuta di questo tipo di concezioni è rappresentata dal giainismo che predica un assoluto rispetto degli animali fino al punto di proibire l'uccisione di belve e di parassiti nocivi alla sicurezza o al benessere umano.

72

In Cina, invece, la principale strategia adottata è stata quella di sfruttare qualsiasi tipo di risorsa alimentare, vegetale o animale eventualmente disponibile: non soltanto animali domestici come maiali, bovini, polli o anatre, ma anche animali selvatici e domestici insoliti come insetti, topi, serpenti, rane, tartarughe, cani, viverre, pesci e crostacei di ogni specie e via dicendo. In pratica, si cerca di reclutare per l'ecosistema umano tutta l'energia marginale ancora disponibile negli ambienti naturali e artificiali residui e si cerca anche di farlo con la massima efficienza possibile di conversione energetica, senza particolari riguardi per le eventuali sofferenze degli animali. Per esempio, nei mercati del pesce il metodo utilizzato per mantenere fresca la merce non è quello di congelarla ma piuttosto di mantenerla in vita facendo gorgogliare aria all'interno di contenitori di vetro o di plastica. Molto spesso, lo spettacolo a cui si assiste è quello di grossi pesci riversi e ansimanti in un piccolo spazio appena sufficiente per consentire un penoso prolungamento della loro vita a un costo energetico non eccessivo per il venditore.

Tra i due estremi del giainismo e dei mercati di Hong Kong esiste un'ampia varietà di tabù alimentari che, a ben pensarci, si può quasi sempre ricondurre al principio fondamentale di evitare sprechi e investimenti sbagliati. In India, un bovino è sacro perché ha maggior valore alimentare per la comunità come fonte di latte piuttosto che di carne e, anche se non produce latte, come nel caso di un bue (maschio), serve comunque per lavorare la terra, compito essenziale in un paese in cui il numero dei trattori è ancora bassissimo. Tra gli ebrei e i mussulmani, invece, il tabù riguarda il maiale ed è ugualmente comprensibile se si considera che questo animale, a differenza delle vacche, le pecore e le capre, non è un ruminante e pertanto non è in grado di nutrirsi di cellulosa ma deve essere alimentato con sostanze potenzialmente utili anche per l'uomo. In una econom1a di sussistenza come quella che si doveva necessariamente instaurare in un ambiente desertico prima dell'avvento del petrolio, la conversione di zuccheri in carne con una resa del 10% era, evidentemente, un lusso inaccettabile.

Anche in Europa, a ben pensarci, esistono tabù alimentari, anche se sono semplicemente codificati dal sentimento comune e non all'interno di vere e proprie norme religiose. Il più diffuso è la ripugnanza a nutrirsi di carne di cane, che evidentemente deriva dalla importante funzione di ausiliario rivestita dai cani nella caccia e nella difesa dell'area familiare. Nei confronti dei gatti, che non hanno mai collaborato alle attività umane nella stessa misura dei cani, l'atteggiamento medio è molto più possibilista rispetto a un eventuale uso alimentare. Il caso estremo in Europa è probabilmente rappresentato dal cavallo nelle isole britanniche: qui, l'eventuale utilizzazione della carne equina a scopo alimentare sarebbe stata superflua già nel diciottesimo secolo, essendo già allora disponibile per il consumo una quantità di carne ovina e bovina molto maggiore che negli altri paesi d'Europa; d'altra parte, il cavallo era soprattutto l'indispensabile compagno di battaglia che garantiva, per mezzo della sua collaborazione, il continuo afflusso di beni alimentari dai paesi subordinati dell'impero. In queste condizioni, l'idea di ucciderlo e mangiarlo avrebbe avuto un sapore quasi cannibalesco.

Tra mediazioni e adattamenti locali diversi, tutti i popoli hanno comunque dovuto rispondere alla crescita demografica cercando sia di produrre sia di monopolizzare per il proprio uso e consumo maggiori quantità di risorse alimentari. Oggi, sull'intero pianeta, su un totale di 150 milioni di chilometri quadrati di terre emerse, la superficie agricola totale é pari circa a 50 milioni di chilometri quadrati, dei quali 34 milioni destinati a pascolo, 14 milioni di cosiddette terre arabili e 1,4 milioni di coltivazioni perenni (frutteti, palmizi, vigneti, coltivazioni di tè o di caffè). Malgrado il dissodamento e la messa a coltura di vaste aree forestali in Brasile, in Africa e in Indonesia (tra i 120 e i 130 mila kmq all'anno), la superficie delle terre coltivabili è rimasta pressoché costante a partire dagli anni '70 del secolo 20° a causa delle perdite che avvengono per salinizzazione delle aree irrigate, per impoverimento e perdita di suolo agrario nonché per la continua espansione delle aree urbane. In questi spazi agricoli, destinati alla produzione di cibo, nel 2014, sono stati prodotti 2500 milioni di tonnellate di cereali e 310 milioni di tonnellate di carni varie delle quali circa la metà rappresentate da pesce, ormai ampiamente prodotto per mezzo di acquacoltura piuttosto che della pesca tradizionale (42 milioni di tonnellate su un totale di 132 milioni già nel 2003, oggi probabilmente almeno al pareggio).

Finora, il ritmo dell'aumento di produzione di alimenti sul nostro pianeta ha avuto qualcosa di prodigioso: soltanto negli ultimi quarant'anni, la produzione di cereali è stata letteralmente triplicata; purtroppo, nello stesso periodo, la popolazione mondiale è più che raddoppiata con tassi di aumento molto diversi nelle diverse regioni della Terra; di conseguenza, la disponibilità pro-capite di alimenti è migliorata quasi soltanto nelle regioni del mondo in cui era già abbastanza buona mentre è rimasta ferma o è addirittura diminuita in quelle in cui era già scarsa.

Non è facile pensare a un aumento di estensione delle aree coltivate del nostro pianeta: praticamente tutte le terre produttive sono già state messe a coltura, e ora ogni ulteriore conquista di spazio potrebbe avvenire soltanto irrigando deserti o dissodando foreste tropicali. Di queste due ipotesi la prima richiederebbe la dissalazione dell'acqua degli oceani e, almeno per il momento, risulta inattuabile per motivi economici, la seconda, purtroppo, è in piena attuazione e i suoi risultati potrebbero essere valutati come molto modesti da alcuni ottimisti, come assolutamente disastrosi da tutti gli altri.

Molto più ragionevole è l'ipotesi di un aumento di produzione di alimenti aumentando la produttività delle terre già oggi coltivate. In questo senso, è certamente vero che il nostro pianeta ha ancora notevoli potenzialità. Ad esempio, su un ettaro di terra coltivata con una tecnologia moderna, è possibile aumentare la produzione di riso da 1,25 a 5,8 tonnellate; non bisogna, però, dimenticare che, per ottenere questo risultato, bisogna utilizzare sementi ad alta resa, combustibili per le macch1ne agricole, energia per il trasporto e per l'essiccamento del prodotto, fertilizzanti, insetticidi ed erbicidi per la sua crescita e la sua protezione. Oggi, molti paesi 1n via di sviluppo non possiedono affatto le risorse per introdurre questo tipo d1 tecnologia al posto dei tradizionali buoi aggiogati a un aratro e anche ammettendo che la situazione possa cambiare resterebbe pur sempre da affrontare un gigantesco problema di produzione di energia e di disinquinamento Per dare un'idea delle dimensioni dei problemi, basterà ricordare che oggi, nei cosiddetti paesi occidentali, il consumo pro capite di energia nell'agricoltura è sedici volte superiore rispetto a quello dei paesi in via di sviluppo. Del resto, oltre un certo limite, l'ulteriore investimento di energia migliora sempre di meno la resa del prodotto finale e diventa perciò sempre più costoso e più problematico.

Pertanto, esistono pochi dubbi che il momento della resa dei conti si stia avvicinando e che entro un tempo massimo di pochi decenni, saranno necessari profondi cambiamenti se non si vogliono accettare come eventi ineluttabili la morte per fame di un numero sempre maggiore di persone e il continuo aumento di probabilità di guerre locali e persino di una catastrofe nucleare.

Oggi, però, appare ancora molto difficile ottenere in tempi ragionevoli un tale risultato potenzialmente tanto importante per il benessere e per la pace mondiale Infatti, il tasso di incremento demografico dipende da diversi fattori, la situazione socioeconomica di ciascun paese, la sua situazione sanitaria, l'eventuale politica di pianificazione familiare attuata dal governo. In media, la situazione mondiale nel periodo 2005-2010 era di un tasso di circa 20 nascite per mille abitanti, però con notevoli differenze tra paesi industriali e paesi del terzo mondo. Nel mondo industrializzato, il tasso di natalità negli anni compresi tra il 2005 e il 2010 si trovava già da tempo al puro e semplice livello di sostituzione o anche al di sotto di esso (10 nati per mille abitanti o meno). Nei paesi di più recente sviluppo, invece, il tasso di natalità è diminuito in modo decisivo soltanto laddove sono stati conseguiti importanti progressi economici: Cina (13 nati per mille abitanti) Brasile (10), Cuba (10). Altrove, in molti casi, c'è stata un'importante diminuzione che tuttavia è ancora ben lungi dall'essere sufficiente per raggiungere un livello di sostituzione. Per esempio, in Messico nascono ancora 19 figli per 1000 abitanti, in India 23, 1n Egitto 24 in altri paesi, soprattutto in Africa e in Medio Oriente, il tasso di natalità non è diminuito affatto e il numero medio di nati per mille abitanti è tuttora impressionante: 46 in Uganda, 38 in Etiopia, 40 in Nigeria, 48 in Afghanistan e così via.

Le più recenti statistiche dell'Organizzazione Mondiale della Sanità indicano inoltre che esiste un legame diretto tra il tasso di natalità e il tasso di mortalità delle madri: ogni anno, nel Terzo Mondo, da mezzo milione a un milione di donne muoiono per complicazioni derivanti dalla gravidanza. Globalmente, questa sola causa è responsabile di almeno il 10% dei decessi delle donne tra i 15 e i 49 anni e pertanto, se si riuscisse a ridurre il numero delle gravidanze, ogni anno si potrebbe salvare un numero enorme di vite umane e anche migliorare la salute di molte altre persone che soffrono.

Nell'ultimo ventennio, ricorda ancora Jacobson, la regolare diminuzione del tasso di natalità ha contribuito a un significativo miglioramento della salute e del benessere di milioni di persone e allo sviluppo delle economie nazionali.

Nonostante tutto, però, il tasso globale di natalità nel mondo è ancora eccessivo. Soltanto nel 2011 la popolazione mondiale è aumentata di circa 80 milioni di unità e ha raggiunto un totale di oltre 7 miliardi. Aveva toccato i 6 miliardi nel 1999 e i 5 miliardi nel 1987, con un aumento medio, dal 1987 al 2011, di 2000/24 = 81 milioni di unità all'anno. In queste condizioni è evidente che lo stato ecologico del nostro pianeta non potrà che aggravarsi. Ogni anno bisogna trovare lo spazio per sistemare un nuovo numero di persone pari a una volta e mezza l'intera popolazione italiana. Non c'è da stupirsi che ogni anno, sulla Terra, aumenti l'estensione delle aree urbanizzate e diminuisca quella delle foreste tropicali. Come andrà a finire è molto difficile prevedere perché, come vedremo, ci sono altri importanti fattori, non solo ecologici, ma anche etologici che entrano in ballo in questa difficile partita.

6. LA GRANDE DEVASTAZIONE

Al continuo e inquietante aumento demografico della nostra specie fa riscontro il continuo e sconsolante regresso dell'estensione delle foreste tropicali. Questo è, io credo, il più tragico tra tutti i drammi ambientali causati dall'uomo, o almeno lo è stato in tutti questi anni in cui i problemi legati al cambiamento climatico si sono fatti sentire ancora relativamente poco. A ben guardare, è anche uno dei drammi più elementari, almeno nei suoi termini essenziali. Infatti, ogni anno, la popolazione mondiale aumenta di circa ottanta milioni di unità e ogni anno tutta questa gente deve trovare un posto in cui vivere e di cui vivere. Poiché l'aumento è più rapido nei paesi della fascia tropicale, è proprio qui che la fame di nuove terre si fa sentire di più. Ogni anno, infatti, viene distrutta una estensione di foresta tropicale pari a 160 mila chilometri quadrati, una devastazione di proporzioni immani che tuttavia corrisponde a 16 milioni di ettari/80 milioni di persone = 0,2 ettari per persona. A ben guardare, in termini di esigenze umane, non è poi neppure eccessivo.

Certamente, si può obiettare che nella realtà i meccanismi di questa invasione sono molto più complessi. Posso ammetterlo senza difficoltà, e lo dimostrerò anche più avanti, ma al tempo stesso, sono anche convinto che la pura e semplice descrizione demografica del fenomeno sia quella fondamentale e che le altre siano soltanto accessorie. Vero è che esistono imprese multinazionali che pescano nel torbido, sprecano, sfruttano e accelerano le distruzioni ma è anche vero che questi mostri agiscono sotto la pressione oggettiva di una domanda di suolo in rapida crescita. Non si deve confondere la dimensione biologica dei fenomeni con quella politica e morale. Il fatto che le scelte politiche competano alla responsabilità di qualcuno, il fatto che le azioni possano essere giudicate anche dal punto di vista morale non significa affatto che a monte di quelle scelte, a monte anche delle azioni più brutali e più criminose non esistano condizioni oggettive di pressione in un senso o nell'altro.

Naturalmente, i desideri e anche le esigenze umane non hanno alcuna relazione diretta con le risorse del pianeta. Si può avere oggettivamente bisogno di qualcosa che tuttavia non è disponibile o perlomeno non lo è per tutti. Ora, al ritmo attuale di distruzione, non c'è alcun dubbio che le foreste tropicali siano destinate a scomparire entro pochi decenni. Non solo dai tempi dell'edizione 1990 di questo libro la distruzione delle foreste non è cessata affatto ma non è stata neppure rallentata anzi, in alcune aree del pianeta, è stata drammaticamente e inopinatamente accelerata. Per esempio, in Indonesia alle cause classiche di distruzione qui sotto elencate, in questo ultimo quarto di secolo si è aggiunta la massiccia produzione di olio di palma su terreno deforestato mediante incendi su larga scala, con quali effetti sulle ultime popolazioni di orango (tanto per citare soltanto la specie più rara, più famosa e anche più delicata) si può facilmente immaginare. L'olio di palma viene oggi usato con il nome sibillino di "grasso vegetale" in un gran numero di prodotti di largo consumo, compresi molti veramente impensabili e addirittura "solidali" (!) e nessuno ha ancora pensato, o almeno nessuno è ancora riuscito a realizzare su larga scala un sistema di certificazione ecologica relativo alla sua coltivazione.

Uno dei principali finanziatori della distruzione delle foreste tropicali è la Banca Mondiale che, si può dire, l'ha letteralmente programmata nell'ottica della conquista dello spazio necessario per un raddoppio della popolazione mondiale. Questo dovrebbe verificarsi, secondo le proiezioni della Banca, entro il secolo ventunesimo, dopo di che la popolazione dovrebbe infine cessare di crescere. Si avrebbe così, secondo questi mentecatti, un aumento del cento per cento di potenziali acquirenti di beni e servizi.
È inutile sperare che, di fronte a un programma di questo tipo, una istituzione finanziaria possa preoccuparsi dell'estinzione di qualche migliaio o di qualche milione di specie e neppure degli sconvolgimenti climatici inevitabilmente causati dai gas serra. Già oggi, secondo l'ecologo

Paul Ehrlich, la popolazione umana consuma, direttamente o indirettamente, il 40% della produzione primaria netta (cioè del prodotto della fotosintesi clorofilliana) e pertanto, con un raddoppio di popolazione, si giungerebbe a monopolizzare una fetta ancora maggiore di risorse. Se queste previsioni si avvereranno, le conseguenze non si limiteranno soltanto all'estinzione di un enorme numero di specie ma comporteranno anche un forte aumento della precarietà della nostra stessa vita, ormai minacciata da vicino dal cambiamento climatico e dalla precarietà determinata dalla necessità di tecnologia per la pura e semplice sopravvivenza.

Nonostante tutto, i programmi della Banca Mondiale rimarrebbero sulla carta se già oggi, sulla distruzione delle foreste, non fosse basata una ben precisa produzione di beni. Vi concorrono insieme agricoltura, allevamento e sfruttamento del legno rispondendo, in parte, a una domanda locale, in parte a una domanda internazionale.

La domanda locale riguarda soprattutto la terra da coltivare. Si calcola che, tra Sudamerica, Africa e Asia tropicale, i soli agricoltori "itineranti" siano circa 200 milioni. Questa gente pratica il tradizionale, antichissimo sistema di incendiare un pezzo di foresta, coltivare per alcuni anni l'appezzamento risultante e infine, quando la fertilità del suolo diminuisce in modo evidente, trasferirsi altrove per ripetere la stessa operazione.

Questo sistema può funzionare finché è praticato da pochi; se i coltivatori non sono più di una decina per 100 ettari, i terreni già sfruttati ed esauriti possono essere lasciati a riposo per 20-25 anni prima di essere nuovamente sottoposti a coltivazione. Tale riposo è essenziale perché i suoli delle foreste tropicali sono ben diversi e molto più fragili rispetto a quelli delle zone temperate. A causa della elevata temperatura, l'attività dei microorganismi è molto rapida e pertanto lo strato di terra fertile viene continuamente consumato e si mantiene sempre molto sottile. Basta poco, perciò, una volta che la foresta sia stata eliminata, per consumare o dilavare tutto il sottile strato di terra fertile e lasciare un vero e proprio deserto.

In molti paesi del Terzo Mondo, l'esplosione demografica ha moltiplicato in modo insostenibile il numero degli agricoltori itineranti. Nell'ultimo quarto di secolo, inoltre, la situazione si è ulteriormente aggravata a causa della crescente sperequazione sociale causata dall'adozione generalizzata del cosiddetto modello neoliberista: pochi agricoltori sono proprietari di una fetta molto elevata di terre coltivabili mentre molti altri non possiedono nulla o quasi. Per esempio, nella America latina nel suo complesso, già un quarto di secolo fa il 7% dei coltivatori era in possesso del 70% di tutte le terre coltivabili, nelle Filippine il 4% di coltivatori ne aveva il 33% mentre l'80% non ne aveva affatto, in Kenya 3000 grandi proprietari erano in possesso di una estensione maggiore di terra dei rimanenti 750.000. In questi ultimi 25 anni sono successe molte cose ma nessuna è andata in favore di una sia pur modesta redistribuzione della ricchezza mondiale, anzi è avvenuto esattamente il contrario. Oggi si calcola che l'1% della popolazione mondiale possegga risorse in misura almeno pari al rimanente 99% e la storia non è conclusa perché istituzioni come gli USA o la UE premono per aumentare il livello di "privatizzazione", che poi significa regalare terre, risorse industriali e di altra natura a chi possegga già abbastanza risorse per riuscire a gestire in qualche modo questi regali.

A causa di questa situazione, ogni volta che vengono a crearsi tensioni sociali, i grandi proprietari terrieri premono con successo i governi dei loro paesi affinché le masse affamate vengano indirizzate alla colonizzazione di nuove terre piuttosto che alla ridistribuzione e alla razionalizzazione di quelle già disponibili. Un caso esemplare è quello del Brasile dove nel 1960, il governo aprì alla colonizzazione dei piccoli coltivatori le foreste della parte settentrionale della regione amazzonica. Con febbrile entusiasmo alimentato dalla propaganda fu promossa la "Nuova Frontiera" e, tra il 1966 e il 1975, furono venduti, assegnati e rasi al suolo 115.000 chilometri quadrati di foresta. Ebbene, la massima parte delle coltivazioni ebbe brevissima durata e fu rapidamente sostituita da grandi fattorie di allevamento. A loro volta, queste furono abbandonate dopo circa cinque anni di sfruttamento dei pascoli e, intorno al 1990, gli investimenti furono dirottati verso altre foreste delle regioni meridionali dove, incredibilmente, venne ripetuto lo stesso schema di colonizzazione selvaggia.

La seconda spinta economica verso la distruzione delle foreste tropicali è fornita dall'attività di allevamento di bestiame bovino. In America centrale e nei settori brasiliani e colombiani dell'Amazzonia, questa è tuttora la causa principale della deforestazione: si stima che, in queste regioni circa ventimila chilometri all'anno di foreste vengano distrutte per far posto a nuovi pascoli.

In molti paesi dell'America centrale, la produzione di carne bovina è stata triplicata o addirittura quadruplicata nel ventennio 1960-1980. Nello stesso periodo, le esportazioni sono state più che quintuplicate mentre l'estensione totale delle foreste è diminuita, in media, del 20%.

È da notare che, nel 1960, la carne esportata costituiva soltanto il 20% di quella prodotta mentre, nel 1980, la quota di esportazione aveva già raggiunto il 40%. Si può dire, quindi, che l'aumento di produzione è servito principalmente per aumentare l'esportazione verso gli Stati Uniti d'America: è la cosiddetta *hamburger connection* sulla quale vale la pena spendere qualche parola.

Gli Stati Uniti sono oggi non soltanto i maggiori produttori e consumatori di carne ma anche i maggiori importatori, con il controllo di una grossa fetta del commercio internazionale. La domanda di carni estere deriva non soltanto dall'insufficienza della produzione interna ma anche dal fatto che i bovini nazionali vengono perlopiù allevati in spazi ristretti e sono nutriti con mangimi a elevato contenuto di proteine e di grassi (ad esempio, a base di soia o di cassava). In tali condizioni, è inevitabile che la carne prodotta risulti non soltanto più grassa ma anche più costosa di quella degli animali nutriti a base di erba. In effetti, la carne proveniente dall'America latina è più magra e costa il 50% in meno di quella locale americana: due buoni motivi per preferirla nelle catene dei fast food che già nel 1990 contribuivano al consumo nazionale di carne nella misura del 25%.

In realtà, il basso prezzo della carne dell'America latina non riflette affatto una oggettiva convenienza dell'impresa della sua produzione ma semplicemente gli effetti di una stolta politica di incentivi. In molti paesi, infatti, l'allevatore ottiene terra quasi gratuitamente e usufruisce anche di forti facilitazioni fiscali dato che contribuisce a "riscattare" il suolo della foresta dal suo "improduttivo" stato naturale. In queste condizioni, anche la produzione di 20-100 capi per 100 ettari (invece dei 300-500 di una pari estensione di pascoli in una zona temperata) può divenire un buon affare per chi investe in questo tipo di impresa. Nel solo Brasile, infatti, tra il 1966 e il 1983, oltre 100.000 chilometri quadrati di foresta amazzonica sono stati convertiti in pascoli e, in questo affare, hanno investito i loro soldi molte grandi aziende multinazionali. Un recente e ben documentato dossier dell'organizzazione Mani Tese cita, tra le altre, le americane Dow Chemical e Goodyear, l'italiana Liquigas, la tedesca Volkswagen e via dicendo. Ciò significa che l'europeo medio, magari iscritto con convinzione a una o più associazioni ambientaliste, acquistando un'auto, un treno di pneumatici o persino un pieno di benzina o una bomboletta per il campeggio, contribuisce senza volerlo a finanziare lo scempio delle foreste tropicali.

Purtroppo, il giro di affari tende ad allargarsi e a estendersi anche al di fuori degli Stati Uniti. Infatti, la domanda di carne è tuttora in forte aumento in Europa orientale, in Giappone e c'è da attendersi che lo sarà sempre di più anche in tutti i paesi asiatici e africani che, nei prossimi anni, riusciranno ad abbassare la natalità e a migliorare le proprie condizioni di vita. Perciò, è molto improbabile che la situazione possa migliorare, a meno che i governi dell'America latina non trovino la forza per esigere un prezzo più equo per l'uso delle proprie risorse.

La terza spinta distruttiva è rappresentata dalla domanda di legname. Dai primi anni del ventesimo secolo al 1990, il consumo di legname è passato da 750 a 2500 milioni di metri cubi, superando soltanto di poco l'aumento della popolazione mondiale.

Attualmente c'è una netta distinzione di qualità tra i consumi di legno dei paesi sviluppati e di quelli in via di sviluppo: questi ultimi usano l'87% della legna da ardere (1000 milioni di metri cubi su un totale di 1150) mentre ai primi va l'81% del legname industriale (1100 milioni di metri cubi su 1350). In quest'ultima definizione rientra sia il legname da carta (un quinto del totale, pari a 270 milioni di metri cubi) sia il legname da costruzione in senso ampio (quattro quinti del totale, per la maggior parte di tipo comune, destinato a pannelli di truciolato, in piccola parte di tipo pregiato, destinato a mobili, barche ecc.). Negli ultimi quarant'anni, il solo consumo di legno pregiato da costruzione negli Stati Uniti, Europa e Giappone, è aumentato da dieci fino a venti volte. Dal 1950 al 1980, la produzione mondiale di questo tipo di legname è stata sestuplicata ed è passata da 26 a 145 milioni di metri cubi. In pari tempo, nella maggior parte dei paesi sviluppati, sono entrate in vigore legislazioni che tendono a limitare l'uso delle risorse forestali locali e anzi a favorire una politica di riforestazione.

Pertanto, la maggior parte del legname necessario ai paesi sviluppati viene attualmente importato da quelli in via di sviluppo. Tuttavia, per ottenere legname da costruzione, in linea di principio, non sarebbe necessario e neppure conveniente distruggere la foresta: ad esempio, nel Sud-Est asiatico, su un ettaro di foresta, soltanto 20 alberi su 400 hanno un interesse per il mercato internazionale e vengono effettivamente tagliati; purtroppo, però, la selezione viene effettuata in modo talmente rozzo da danneggiare irreparabilmente (cioè in misura tale da provocarne la morte entro un anno) altri dieci alberi per ogni albero effettivamente abbattuto. Sarebbe perfettamente possibile fare qualcosa di meno distruttivo, per esempio tagliando accuratamente i rampicanti e riducendo la chioma prima di abbattere gli alberi scelti; tuttavia, queste operazioni hanno un costo che nessun operatore economico è disposto ad affrontare in assenza di leggi o di regolamenti specifici.

Secondo i dati ufficiali, le superfici forestali che nel 1990, erano sottoposte a questo genere di sfruttamento, raggiungevano i 44.000 chilometri quadrati all'anno: 7.500 in Africa, 15.000 in America latina e 21.000 in Asia.

Anche il consumo mondiale di legno da carta è fortemente sbilanciato a favore dei paesi sviluppati: a questi ultimi, infatti, è destinato l'85% del prodotto e il risultato è che il consumo pro-capite di carta è di 150 chilogrammi all'anno in Europa, addirittura 300 chilogrammi all'anno negli Stati Uniti ma soltanto 5 chilogrammi all'anno nei paesi del Terzo Mondo.

Questi ultimi si limitano perlopiù a consumare il legname di qualità inferiore come legna da ardere, indispensabile per cucinare in molte regioni in cui non è disponibile nessun altro tipo di combustibile. Addirittura, in molte regioni sovrappopolate e sovrasfruttate, la stessa legna da ardere non è disponibile e l'unico combustibile esistente è lo sterco bovino essiccate. Si stima che in Africa e in Asia ne vengano usate non meno di 400 milioni di tonnellate all'anno con un grave danno dei raccolti che, in difetto di concimazione, non possono che avere rese molto basse.

Nel complesso, la legna da ardere è essenziale per la vita di circa due miliardi di persone e rappresenta tuttora la principale fonte di energia in molti paesi in via di sviluppo. Tuttavia, almeno un miliardo e mezzo di persone trovano difficoltà grandi o piccole per procurarsi la legna di cui hanno bisogno e comunque raccolgono legna a un ritmo più rapido della capacità di ricrescita della vegetazione. Per una grossa minoranza di poverissimi (110 milioni di persone), infine, il costo del combustibile necessario per cucinare un pasto è pari al costo del cibo da cuocere.

In effetti, la distruzione delle foreste tropicali sta arricchendo soltanto una piccolissima minoranza di approfittatori mentre non comporta alcun vantaggio né per le popolazioni locali né per la gente comune degli stessi paesi sviluppati.

Nel 1980, un gruppo di paesi del Commonwealth riuniti a Trinidad in occasione di un Congresso internazionale di silvicoltura, lanciarono l'idea di una organizzazione de paesi esportatori di legname che, analogamente alla organizzazione dei paesi esportatori di petrolio, mettesse in atto i provvedimenti necessari per accrescere il valore della materia prima oggetto dell'accordo. «A tale scopo» si disse «sarebbe stato sufficiente che tutti i paesi esportatori si fossero accordati per istituire alcune tasse sull'esportazione di legname ed eventualmente sul degrado ambientale, destinando le relative entrate alla riforestazione o perlomeno alla conservazione del patrimonio forestale ancora esistente.»

Poiché la maggior parte delle superstiti foreste tropicali è localizzata in soli sedici paesi (92% circa sia in termini di superficie coperta e di volume di legno, sia in termini di quota di esportazione), in teoria un accordo di cooperazione sembrava essere raggiungibile, anche perché le sue ripercussioni sull'economia mondiale non sarebbero state eccessive: è stato calcolato che, a fronte di un modesto rialzo dei prezzi delle materie prime, l'efficienza dello sfruttamento sarebbe aumentata in misura tale da consentire una riduzione del 50-90% della velocità di deforestazione senza alcuna riduzione di volume del legname prodotto.

Sfortunatamente, proprio all'inizio degli anni Ottanta, negli Stati Uniti si insediò come presidente Ronald Reagan e venne iniziata la cosiddetta "deregulation" economica, cioè la politica di *liberismo* spinto (paradossalmente in questo modo è stato chiamato il sistema oppressivo vigente) che ha dominato gli ultimi quarant'anni e che certamente non ha creato un clima favorevole a proposte del tipo di quella di Trinidad. Le inevitabili ripercussioni politiche di questo indirizzo economico sui paesi del Terzo Mondo, specialmente su quelli dell'America latina, hanno finora impedito la realizzazione di un programma che molto probabilmente avrebbe prodotto sensibili benefici alle foreste tropicali e alle economie di diversi paesi.

Invece, la grande devastazione è continuata, anzi è stata accelerata proprio dalla sensazione generale che, per forza di cose, non potrà avere una lunga durata. «Nell'Amazzonia» si legge su un documento di un'organizzazione cattolica brasiliana, il *Conselho Indigenista Missionario*, «il capitalismo si presenta conflittuale e disarticolato. Sembra ragionare così: "Se io non prendo, sarà il mio avversario a prendere". È la filosofia delle imprese estrattive dei minerali, delle industrie del legname e delle imprese appaltatrici a capitale privato.»

Proprio l'Amazzonia costituisce l'esempio più tragico, ma anche il più completo possibile di ciò che sta accadendo in tutte le regioni del mondo ricoperte da foresta tropicale. Qui, infatti, tutti i problemi si presentano su una scala immensa: immenso è il bacino del Rio delle Amazzoni che si estende su oltre sette milioni di chilometri quadrati dei quali cinque ricoperti da una foresta impenetrabile (quasi la metà dell'intera estensione di foresta tropicale sul pianeta), immensi sono i problemi economici dei paesi qui insediati, immensi i loro progetti di sfruttamento del territorio, incoraggiati e pilotati da paesi ricchi, immense sono le sofferenze subite dai popoli indigeni della foresta e, in generale, da tutti i poveri.

«Fino a qualche anno fa» ha scritto sul «Corriere della sera» Maurizio Chierici nel gennaio 1989 «il Brasile era un paese senza catasto. Verso l'Amazzonia si incamminano tagliatori di piante e contadini. Non sanno leggere, non sanno scrivere. Escono dalle favelas delle periferie oppure vengono dal Nord-Est dove il disboscamento è incominciato un secolo prima, alla fine dell'impero, per allargare la ricchezza dei piantatori di caffè e cacao.

«Questa onda senza una meta si è buttata nella foresta. E si butta ancora. Non la sospinge solo la arroganza della illegalità: l'esercito e la legge stanno dalla parte dei più forti. Il proprietario che vuole allargare di cento chilometri la fazenda per inaugurare nuove piantagioni di canna da zucchero (così preziose adesso che quasi tutte le automobili del Brasile camminano bruciando alcool e non benzina) si rivolge a un notaio. Negli archivi ancora vuoti nessun contadino ha segnato i limiti del territorio che possiede. E gli archivi o la memoria — basta la memoria — di un notaio fanno legge. Va dal giudice e fissa, sulla sua parola, i limiti geografici del cliente che rappresenta. Chiede poi al governatore di far sgombrare il terreno dagli "abusivi": chi vuole, può restare come bracciante, chi protesta se ne va. Se resiste o si rivolge ai preti cattolici per promuovere rivolte o far testimoniare il suo diritto, arriva la polizia. Non resta che correre nella foresta ripetendo l'avventura dei nonni e dei padri. Si bruciano le piante, si ricomincia. Un modo di sopravvivere che non distrugge solo l'Amazzonia, ma apre ipotesi di nuovi pericoli. Il terreno sgombro fa gola. Chi non sa usare le carte ufficiali vive la nuova proprietà con l'insicurezza dei giorni passati. Dov'è scritto che gli appartiene? I notai si rimettono in moto; i governatori mandano l'esercito, i pistoleiros liquidano i più tenaci.»

Chi accetta il lavoro come bracciante finisce, in pratica, per diventare un vero e proprio schiavo, costretto a spendere di più della paga giornaliera soltanto per il vitto e l'alloggio e sorvegliato a vista come un prigioniero. «Dove finisce la verità e dove incomincia il risentimento per il lavoro disumano?» si chiede ancora Chierici. «Trovo la risposta qualche giorno dopo sulle pagine di "O liberal", il giornale più importante dello Stato. Durante un controllo fiscale nel sud del Farà, la polizia scopre dentro l'ufficio di un dirigente di una fazenda un vaso di vetro "con orecchie tagliate immerse in un liquido che le conserva". Il proprietario ha spiegato senza scomporsi: "Le uso come esempio da mostrare ai lavoratori indisciplinati".»

Ancora più disperata è la situazione degli indigeni Amerindi. In Brasile, al momento della conquista da parte degli europei, erano circa cinque milioni; oggi sono ridotti a meno di duecentomila dei quali poco più di cinquantamila in Amazzonia. Nell'ultimo secolo, lo sterminio sistematico di questa gente è stato persino organizzato dagli stessi enti pubblici che, in teoria, avrebbero dovuto assicurarne la sopravvivenza. Tragico esempio di questa situazione è il Servico de Protecao aos Indios (SPI) che fu istituito in Brasile nel 1910 con intenti che, ufficialmente, erano paternalistici e umanitari ma che, ben presto, scivolò in una pura e semplice attività criminale. Questa venne denunciata, tra l'altro, da un impressionante rapporto del 1968 firmato addirittura dal Ministro degli affari esteri De Lima: in realtà, la politica dello SPI era ormai la pura e semplice eliminazione degli Indios nel modo più veloce possibile al fine di facilitare e accelerare la colonizzazione della foresta. Uno degli esempi più drammatici è costituito da un episodio di aggressione diretta agli Indios Cintas Largas avvenuto nel 1963 con bombardamenti e attacchi a raffiche di mitra: su una popolazione di diecimila persone, i sopravvissuti non furono più di cinquecento.

In altri casi, le operazioni dello SPI si svolgono in modo altrettanto violento, ma più subdolo: ne sono vittime, ad esempio, alcune tribù di Patachos che vengono sterminate per mezzo della iniezione di un virus di vaiolo. Ne segue uno scandalo e lo SPI viene sciolto e sostituito dalla FUNAI (Fundacao Nacional do Indio) che viene posta sotto il controllo diretto del Ministero degli affari interni. Compito del nuovo organismo è, in sostanza, l'integrazione più rapida possibile degli Indios nella società brasiliana in modo che non costituiscano più un ostacolo ai programmi di sviluppo della foresta. Questa operazione riceve anche una base legale con lo Estatuto da Indio del 1973 che legalizza il concetto di "tutela" dello

Stato omologando gli Indios ai minorenni; per uscire da questo stato giuridico e venire considerata "matura", ogni comunità di Indios dovrà dimostrare, con giudizio demandato ai suoi tutori legali, di essersi integrata nella "società moderna".

Nel 1976, lo stesso Ministro dell'interno conferma questo programma di pura e semplice cancellazione culturale con una dichiarazione pubblica: «Entro trent'anni, la popolazione indigena sarà ridotta da 220.000 a 20.000 Indios, non con il massacro ma con l'integrazione nella società nazionale».

E ancora, un altro ministro: «Lo sviluppo dell'Amazzonia non si ferma a causa degli Indios. Ma perché, poi, dovrebbero rimanere sempre Indios?»

In questo desolante panorama, nel 1971, un gruppo di missionari cattolici fonda il CIMI (Conselho Indigenista Missionario) con il proposito di difendere il diritto degli Indigeni di essere riconosciuti come adulti nella loro attuale condizione, di possedere la terra necessaria per vivere secondo la loro cultura, di svilupparsi secondo le proprie concezioni. «Il missionario» si legge in un documento «deve rigettare ogni traccia di colonialismo e deve identificarsi con gli Indios in modo che essi possano accettarlo come uno di loro, deve prendere coscienza dell'alleanza, che vi fu nel passato, tra la chiesa e i potenti del mondo e deve scegliere chiaramente di impegnarsi accanto ai più poveri.»

È guerra aperta con la FUNAI che è contraria alla stessa esistenza del CIMI e tenta di farlo sciogliere. Le relazioni tra i due organismi si deteriorano sempre di più ma il CIMI non rimane del tutto inascoltato: nel 1973, in occasione del 25° anniversario della dichiarazione dei diritti dell'uomo, gli stessi vescovi del Mato Grosso e del Parà pubblicano un documento intitolato: Y Juka-Pirama: l'Indio, colui che deve morire, che denuncia, caso per caso, gli abusi e le violenze di cui gli Indios sono vittime: «Tutto quello che il modello di sviluppo del Brasile può offrire ai poveri» scrivono i vescovi «è una emarginazione che si aggrava di giorno in giorno. Agli Indios non porta altro che la morte».

A partire dal 1974, il CIMI si occupa anche di promuovere incontri tra i capi indigeni, ma continua sempre a occuparsi dei casi concreti delle diverse tribù. Recentemente, è stato anche riconosciuto dalla Conferenza episcopale brasiliana quale organo ufficiale per i rapporti con gli Indios.

Negli ultimi tre decenni, i cosiddetti "Grandi Progetti", relativi allo sviluppo dell'Amazzonia, hanno rappresentato la più compiuta espressione del "Programma di sviluppo" del Brasile. «Tutti questi progetti» osserva il CIMI in uno dei suoi documenti «hanno in comune tre grandi caratteristiche: in primo luogo, sono elaborati direttamente dai soli vertici della gerarchia istituzionale del paese, in secondo luogo necessitano di una tecnologia molto avanzata reperibile soltanto all'estero, in terzo luogo necessitano di ingenti finanziamenti da parte delle Banche multinazionali.»

Uno di questi progetti, il Progetto Grande Carajàs, interessa un'area estesa su circa un milione di chilometri quadrati (un decimo dell'intero territorio brasiliano) che è già popolata da circa otto milioni e mezzo di abitanti e, in pratica, si identifica con lo stesso Piano di sviluppo dell'Amazzonia orientale. Si prevede non solo di destinare vaste aree all'agricoltura, l'allevamento e la produzione di legname, ma anche di installare nella regione nuove imprese per l'estrazione e la lavorazione di diversi minerali e di realizzare nuove ferrovie, strade e alcuni grandiosi impianti idroelettrici. Gli investimenti previsti sono di circa 60 miliardi di dollari americani in dieci anni. I primi 900 milioni di dollari sono stati forniti per un terzo dalla Banca Mondiale e per due terzi addirittura dalla Comunità Economica Europea.

La prima stesura del Progetto Grande Carajàs, redatta nel marzo 1980 dall'International Development Center of Japan, non faceva neppure riferimento all'esistenza di popolazioni indigene nel Maranhao. In seguito, tale lacuna venne ufficialmente colmata da uno studio della FUNAI, ma la sorte dei popoli indigeni del Maranhao, nel migliore dei casi, rimane quella di venire confinati all'interno di Riserve appositamente delimitate. Tuttavia, persino questa precaria condizione di emarginati e di assediati non è sempre facile da essere conseguita. Per esempio, non lo è affatto per i Guajàs, circa duecento persone superstiti (delle originarie 600 all'inizio del secolo) che rappresentano forse l'ultimo popolo nomade e senza agricoltura del Brasile. Oggi, questa tribù vive, divisa in piccoli gruppi di 4-30 persone, nelle foreste dei fiumi Pindarè, Carù, Turiacu e Gurupì, nel Maranhao.

La riduzione della popolazione dei Guajàs dall'inizio degli anni Cinquanta a oggi è avvenuta per gli stessi motivi che hanno falcidiato le altre tribù di Indios: la massiccia immigrazione nella zona di migliaia di contadini senza terra provenienti perlopiù dall'arido Nord-Est diede luogo a pesanti interferenze, sia dirette (omicidi premeditati) sia indirette (contagio di vaiolo, influenza, malaria, pertosse ecc.).

Oggi, la maggior parte del territorio storico dei Guajàs - che non sia già stata destinata agli allevamenti o ai progetti di estrazione del ferro e del carbone, è occupata da migliaia di contadini senza terra, invasa da centinaia di latifondi installatisi illegalmente, tagliata dalla ferrovia Carajàs e divisa in lotti da assegnare ad altri agricoltori.

Nell'aprile del 1987, il CIMI del Maranhao lanciò una campagna con l'obiettivo minimo di far rispettare almeno le leggi vigenti e di delimitare un territorio per i Guajàs. «Incredibilmente,» si legge nel documento «chi in questo momento sta opponendo maggiori ostacoli alla delimitazione del Parea indigena Awà-Gurupì è l'Istituto Brasiliano per lo Sviluppo Forestale (IBDF). L'Istituto giustifica la sua presa di posizione con il fatto che l'area in questione sarà destinata a "riserva biologica".

«È impressionante notare come l'IBDF, organo di governo che ha l'obbligo di proteggere le "riserve forestali" "quali patrimonio pubblico, sia diventato in questi ultimi venti anni complice dell'invasione e devastazione di gran parte della riserva forestale del Gurupì, favorendo la costruzione di strade, i progetti di colonizzazione e, recentemente, l'attuazione del Progetto Grande Carajàs attraverso la Compagnia Vale do Rio Doce. Le iniziative sopra citate hanno già causato la morte di centinaia di Indios Guajàs, Guajajaras e Ka'apors.»

Per i prossimi anni, è anche prevista la costruzione di ben 79 gigantesche centrali idroelettriche. Il lago artificiale di Jurua coprirà 1500 chilometri quadrati di foresta, quello di Babaquara 6200 chilometri quadrati. E poi verranno anche gli altri. Questi laghi non sono profondi, lasciano filtrare i raggi del sole tropicale che accelera la putrefazione delle piante rimaste sott'acqua: enormi specchi d'acqua si coprono di alghe azzurre, vengono depauperati di ossigeno e si inquinano rapidamente. L'esperienza dello sbarramento di Itaipu (1500 chilometri quadrati) fa capire cosa può accadere. Dall'ottobre del 1987, migliaia di bambini soffrono e muoiono per gastroenterite. spariscono i pesci: i caimani si ritrovano morti a pancia all'aria e vengono portati via dalla corrente.

La tragedia dell'Amazzonia ha preso infine un'impennata estrema con il cosiddetto colpo di stato giudiziario effettuato in Brasile nel 2018 che, a partire dall'1 gennaio 2019, ha portato alla presidenza del paese Jair Bolsonaro, un negazionista deciso a sfruttare l'Amazzonia fino all'estremo. Uno dei primi e più drammatici segni di tale tragedia si ebbero si ebbero nell'agosto-settembre dello stesso anno 2019 con lo "scoppio" di 50 mila incendi, l'80% in più rispetto all'anno precedente. La disastrosa tendenza all'aumento proseguì poi nel 2020 con un ulteriore aumento del 60% degli incendi. Alla preoccupazione internazionale espressa dal G7 Bolsonaro e la sua vasta cricca risposero non solo negativamente ma in modo sprezzante e del tutto incurante e addirittura definendo "patriottismo" il comportamento irresponsabile del suo governo. Purtroppo, nel solo anno 2020, nel mezzo del caos provocato dalla pandemia di coronavirus, quasi un quarto dello straordinario territorio del Pantanal è andato distrutto con la sua straordinaria biodiversità. Uno degli aspetti più ignobili di questa vergognosa rapina e che essa si svolge non solo a carico di un ambiente naturale unico ma anche rapinando proprietà di comunità indigene costituite in riserve naturali. I banditi insediano le loro segherie al confine delle riserve, penetrano nella foresta, tagliano alberi, li riducono in assi e altre forme commerciabili e naturalmente negano la provenienza illegale del materiale. Per favorire questa rapina, Bolsonaro ha ridotto del 20% all'anno il bilancio dell'IBAMA, agenzia federale che dovrebbe occuparsi della conservazione degli ambienti naturali e inoltre non appoggia in alcun modo l'azione della polizia ambientale che è ridotta a operare in condizioni patetiche. Molto significativa, sotto questo punto di vista, è una dichiarazione registrata del ministro Ricardo Salles apparsa anche in Italia nel programma "Presa diretta" lunedì 8 febbraio 2021: il ministro esortava i colleghi di governo ad "approfittare della pandemia per far passare il massimo numero possibile di leggi contro gli ambientalisti" e in tal modo potere operare con la massima libertà possibile per lo sfruttamento delle risorse naturali dell'Amazzonia. In questo clima di rapina legalizzata forse non c'è nemmeno da stupirsi che la stessa vita dei difensori dell'ambiente sia messa continuamente in pericolo: negli ultimi cinque anni sono ben 168, infatti, gli attivisti assassinati.

Eppure, qualcosa sarebbe possibile fare alla comunità internazionale: in primo luogo rifiutare di acquistare legna non pienamente certificata sulla sua provenienza, in secondo luogo non acquistare affatto soia che viene interamente prodotta in aree deforestate, in terzo luogo non acquistare affatto carne bovina che non soltanto proviene solo da animali allevati in aree deforestate ma è anche di bassa qualità rispetto alla carne bovina nazionale. Tutto ciò richiederebbe una nuova legislazione europea perché attualmente, se la carne viene usata per preparazioni che contengono altre materie prime (per esempio ravioli, tortelli, insaccati etc.) non esiste l'obbligo di certificare la sua provenienza.

La drammatica situazione creatasi in Brasile con la presidenza Bolsonaro ha suscitato anche l'attenzione del papa Francesco che ha convocato un sinodo dei vescovi sull'Amazzonia per discutere i possibili modi per fronteggiare questa autentica emergenza politica, ecologica e sociale.

Intanto è scomparsa fino a oggi almeno quasi metà della grande foresta tropicale dell'America del sud, la maggiore del mondo. Tanto assurda e brutale è stata la sua devastazione da provocare in Europa e in Nordamerica, una forte campagna per la sua conservazione a cui hanno partecipato o aderito, paradossalmente, le stesse organizzazioni economiche interessate al suo sfruttamento. In breve, Banca Mondiale, Comunità Economica Europea, FAO e altre organizzazioni hanno improvvisamente dichiarato di volere modificare la loro politica di investimenti, orientandosi, se non altro, verso un tipo di sfruttamento più razionale che, se davvero verrà messo in atto, potrebbe consentire di risparmiare almeno una parte della foresta amazzonica. Tutta da verificare è comunque la tanto sbandierata transizione verde che la UE auspica come risposta alla crisi economica provocata dalla pandemia. Chi vivrà vedrà, speriamo che possa vedere qualcosa di buono.

In altre zone del mondo, però, non si vede neppure in lontananza nessuna prospettiva di schiarita. Esemplare, a questo proposito, è il caso della Nuova Guinea occidentale, nota anche come Irian Jaya. Questa area, vasta all'incirca quanto l'Italia e comprendente la metà occidentale della grande isola dei Papua, rimase sotto amministrazione olandese fino al 1963, quando le stesse Nazioni Unite la affidarono alla vicina Indonesia che, da diversi anni ne rivendicava il territorio pur non potendo, in realtà, vantare con esso nessun serio legame etnico né storico.

L'Indonesia si comportò da tipico colonizzatore dalla vista corta: dopo un paio di anni realizzò l'annessione di Irian Jaya e da allora ha continuamente tentato di "assimilare" o addirittura dichiaratamente "rimpiazzare" la popolazione locale a forza di bombe, sparatorie e torture. L'idea del governo era quella di utilizzare il territorio di Irian Jaya, coperto di foreste tropicali e popolato solo da piccole popolazioni melanesiane di Papua, come zona di sfogo per la popolazione della sovraccarica isola di Giava. Questo progetto, definito «di trasmigrazione» si propone tuttora di portare a Irian Jaya quattro milioni di persone quintuplicando l'attuale milione di abitanti della regione. I «trasmigranti» sono immancabilmente cittadini disoccupati e in stato di grave indigenza il cui insediamento, accompagnato da una massiccia deforestazione, in realtà, non può in alcun modo alleviare i problemi demografici dell'Indonesia e dovrebbe invece servire a fiaccare la tenace resistenza della popolazione autoctona. Finora, i «trasmigranti» sono stati solo trecentomila (un numero pari all'aumento di abitanti della sola città giavanese di Jakarta in un solo anno) ma gli effetti, secondo l'organizzazione *Survival International*, sono già spaventosi: nella Nuova Guinea occidentale è in corso uno sterminio della popolazione autoctona che procede — ha scritto George Monbiot — «con una determinazione che ricorda le purghe di Stalin». Se davvero il governo riuscirà ad attuare il suo programma, la gente melanesiana della Nuova Guinea occidentale e le splendide foreste che coprono il territorio subiranno lo stesso destino e la Nuova Guinea occidentale verrà trasformata in uno squallido ammasso di baracche zeppe di infelici, quale è oggi gran parte della città di Jakarta e dell'isola di Giava.

7. IL CERCHIO DA CHIUDERE

La crisi del pianeta è improvvisa e grande: da almeno sessantacinque milioni di anni non si verificava nulla del genere: una sola specie, per una serie di particolarissime coincidenze evolutive, è riuscita a rimuovere i tradizionali fattori limitanti che costringono ogni animale e ogni pianta in una nicchia ecologica ben precisa, ha imparato a trasformare gli ambienti a suo piacimento ed è divenuta capace di popolare e sconvolgere ogni angolo del suo pianeta. Purtroppo, però, il successo e l'intraprendenza di ieri e di oggi stanno ormai trovando un limite assoluto nei confini fisici della Terra: se la marcia trionfale dell'uomo non sarà fermata al più presto, anzi se non verrà bloccata con una decisa frenata, essa dovrà per forza arrestarsi contro le palizzate corazzate dei confini terrestri a prezzo di enormi sofferenze e perdite umane; lo spazio disponibile continua a diminuire anno dopo anno e, all'interno di ciò che resta, i margini di sicurezza si stanno rapidamente dissolvendo.

Per un momento, cerchiamo di osservare con calma i termini biologici essenziali della grande devastazione. Da un osservatorio situato nello spazio, del tutto ignaro di qualsiasi emozione e sofferenza umana, il processo in atto potrebbe sembrare analogo alla rapida espansione di una colonia di batteri su una piastra di terreno nutriente. Se la colonia cresce troppo, fino a esaurire il terreno, se le sostanze di scarto si accumulano, i batteri muoiono tutti e la cosa finisce lì, senza altri inconvenienti al di fuori della piastra.

Dallo spazio, con la nostra crescita e le nostre attività, non possiamo sembrare molto diversi dai batteri. Sui batteri, però, in teoria avremmo un oggettivo vantaggio: alcuni di noi (purtroppo più a livello individuale che collettivo) si accorgono di ciò che sta accadendo e tentano di suggerire le azioni da mettere in atto per non esaurire il terreno nutriente sulla nostra piastra, per non accumularvi troppe sostanze tossiche: si tratterebbe di stabilizzare la popolazione mondiale e di chiudere a cerchio il nostro cammino che si dirige ormai verso il vuoto. Un'alternativa a questo programma è soltanto una crisi di enormi proporzioni per noi, forse anche per tutto il pianeta che però ha già visto altri momenti molto difficili e ne è sempre venuto fuori cambiando il genere dei suoi abitanti e la sua stessa faccia.

La prima grande crisi che si sia potuta ricostruire si ebbe nel Precambriano, quando alcuni organismi viventi, forse cellule procariote, misero a punto la fotosintesi clorofilliana. Dal punto di vista biotecnologico si trattava di una rivoluzione davvero straordinaria: col nuovo sistema, per potersi mantenere e riprodurre, non era più necessario uccidere; bastava attivare un organello specializzato funzionante a energia solare e si poteva catturare l'anidride carbonica dell'aria e trasformarla in zucchero. Una rivoluzione tecnologica che, se fosse stata studiata e preparata da un organismo cosciente invece che da una sorta di batterio in balia alla selezione naturale, sarebbe stata considerata come un ammirevole esempio di efficienza e anche di pietà.

Eppure, il primo effetto collaterale di quella straordinaria novità, di quell'invenzione casuale che avrebbe condizionato, direttamente o indirettamente, tutta la storia della vita sulla Terra, fu un assoluto disastro ecologico. Infatti, il prodotto di scarto di quel processo di trasformazione chimica era un potente veleno gassoso che, fino a quei tempi, era sempre stato assente dall'atmosfera terrestre, l'ossigeno.

L'ossigeno era in grado di reagire rapidamente con i composti organici, anche con i costituenti degli organismi viventi come gli acidi nucleici e le proteine, distruggendoli completamente in un processo chimico definito *ossidazione*. Nessun organismo vivente, fino a quel momento, aveva avuto a che fare con l'ossigeno e nessuno, meno che mai, aveva potuto azzardare il temerario tentativo di utilizzarlo. Perciò, la nuova situazione ambientale, che si andava instaurando con il progressivo accumulo dell'ossigeno scaricato nell'atmosfera dai nuovi organismi fotosintetizzanti, dovette certamente provocare l'estinzione di uri gran numero dei vecchi organismi. Fu una crisi silenziosa, invisibile e senza testimoni umani, ma non per questo meno drammatica.

Poi, in qualche modo, venne chiuso il cerchio. Mentre un irriducibile gruppetto di vecchi organismi si andava a barricare nei pochi angoli remoti del pianeta Terra dove l'ossigeno non era riuscito a infiltrarsi, un altro gruppo di fortunati subì una serie di mutazioni che rivoluzionavano i vecchi rapporti: non soltanto, nei mutanti, l'azione comburente dell'ossigeno veniva ritardata e posta sotto controllo, ma addirittura veniva disinvoltamente utilizzata per ottenere una demolizione più completa (e quindi una resa molto più elevata) dell'alimento di base di ogni organismo, lo zucchero. In presenza di ossigeno, infatti, lo zucchero può essere degradato completamente (fino ad anidride carbonica e acqua) e non più soltanto parzialmente e l'energia che i nuovi organismi "aerobi" riescono a ottenere da questo processo, che è chiamato respirazione, è ben 19 volte superiore a quella che gli "anaerobi" riescono a ottenere dalla demolizione parziale (glicolisi anaeroba) che sono capaci di effettuare.

Da allora, le piante verdi hanno continuato a sintetizzare zucchero a partire da anidride carbonica e acqua e a scaricare ossigeno come prodotto collaterale del processo; da allora, la grande maggioranza degli organismi viventi sulla Terra, comprese le stesse piante verdi, utilizza l'ossigeno per "respirare" (cioè per bruciare zucchero ottenendo energia) e, pertanto, la concentrazione, sia dell'ossigeno sia dell'anidride carbonica va incontro a un processo di stabilizzazione dipendente dalla graduale instaurazione di un equilibrio dinamico.

Oggi, secondo le stime più attendibili, l'attività fotosintetica degli organismi autotrofi, con la relativa produzione di ossigeno, si svolge per due terzi circa negli oceani e. per un terzo sulle terre emerse e produce ogni anno l'equivalente di 175 miliardi di tonnellate di glucosio. In questo processo vengono utilizzate circa 256 miliardi di tonnellate di anidride carbonica (che corrispondono pressappoco al prodotto netto della respirazione e delle fermentazioni di tutti gli organismi viventi della Terra) e vengono liberate 93 miliardi di tonnellate di ossigeno. Il riciclo completo di tutta l'anidride carbonica esistente nell'atmosfera o disciolta nelle acque avviene in 300 anni mentre quello dell'ossigeno ne richiede 5000-6000. Si tratta, su scala geologica, di tempi estremamente brevi che indicano l'esistenza di un equilibrio altamente dinamico che non può non risultare alterato dall'immissione annua di circa un miliardo di tonnellate di anidride carbonica da combustione di orine antropica.

Sarebbe molto sciocco chiedersi se, per la fotosintesi, siano più importanti gli oceani o le foreste tropicali. Gli uni e le altre fanno la loro parte ed è decisamente fuorviante scrivere su un giornale, come accadde sul «Corriere della sera» del 7 marzo 1989, che «gli oceani, non l'Amazzonia sono i polmoni del pianeta». Nella realtà, l'ecosistema terrestre sta in piedi grazie a un elevato numero di apporti da parte di diverse entità e nessuno può essere giudicato innocente se agisce alterando una o l'altra.

In natura non esistono, in senso universale, il veleno e l'antidoto, il prodotto utile e il rifiuto da scaricare. Esistono soltanto sostanze utili per certi organismi e dannose per certi altri e il cosiddetto equilibrio "naturale" altro non è se non il compromesso, lo status quo temporaneo e contingente che si è instaurato a causa di numerosi fattori che hanno operato, ciascuno spingendo in una direzione diversa. Temporaneo e contingente, però, in senso relativo, dato che questo particolare equilibrio si è instaurato milioni di anni fa, è quello che ha visto la nostra specie in lotta ai tempi delle sue origini, è quello che ha condizionato non soltanto la nostra storia, ma la nostra stessa natura di animali e di uomini. Che questo particolare equilibrio debba per forza venire mantenuto, non è scritto su nessuna tavola di pietra di nessuna legge eterna, ma neppure è scritto che gli uomini debbano e possano cavarsela sempre, in qualsiasi possibile situazione. In natura, la scelta tra bene e male significa semplicemente scelta tra ciò che conviene e ciò che non conviene. Nessuno ci obbliga a "rispettare" la natura né a conservare gli equilibri nei quali la nostra specie ha percorso il suo cammino evolutivo, ma nessuno ci può garantire che, quando un cerchio viene spezzato, possa poi sempre richiudersi in un modo conveniente o anche soltanto compatibile con la nostra vita.

Nel 1979, James Lovelock pubblicò un brillante libro in cui il nostro pianeta veniva presentato come un unico, complesso organismo che era suggestivamente denominato «Gaia». All'interno di Gaia, le nostre azioni possono avere conseguenze enormi nei confronti di noi stessi, ma poco rilevanti per il destino del pianeta nel suo complesso.

Lovelock si mostrava dotato di un notevole senso delle proporzioni ed evitava accuratamente pronunciamenti etici e dogmatici: «Non vi possono essere né precetti né regole preconfezionate per vivere con Gaia,» egli scriveva al termine dell'ultimo capitolo «per ciascuna delle nostre azioni, vi sono soltanto conseguenze».

Del libro di Lovelock si è molto parlato a proposito del cosiddetto punto di vista «olistico» (cioè sintetico, in contrapposizione con il punto di vista analitico-riduzionistico), ma poco o nulla, per quanto mi risulta, a proposito della sua visione oggettiva del pianeta, lontana mille miglia dai pronunciamenti morali che oggi fanno capolino un po' dappertutto quando si parla di conservazione della natura: se qualcosa è scritto, osserva in sostanza Lovelock, non lo è di certo su una tavola di pietra ma piuttosto nelle leggi della termodinamica. Se qualcosa sappiamo con certezza, potremmo aggiungere noi, è che l'uomo non potrà durare per sempre su questo pianeta e che la stessa vita dovrà per forza avere una durata limitata, se non altro perché né il Sole né l'Universo stesso sono eterni. Nessuno ci obbliga a non inquinare, a non devastare il paesaggio, a non ricoprire l'intero pianeta di asfalto, di cemento o di rifiuti estirpando tutte le forme di vita che non siano direttamente e immediatamente utilizzabili per i nostri scopi economici. Ciò che dobbiamo chiederci non è se questo tipo di azioni sia moralmente accettabile, ma piuttosto se sia conveniente per noi come esseri viventi.

Del resto, la parola "inquinamento" non può essere in alcun modo riferita all'ambiente in senso astratto, ma semmai a un certo tipo di ambiente adatto alla vita umana e a quella di un determinato gruppo di animali. Nessun ambiente può essere "inquinato" se non in senso relativo, per il semplice motivo che non esistono modelli ambientali assoluti ai quali sia possibile rifarsi in senso "morale". Perciò, quando parliamo di responsabilità di eventuali azioni di inquinamento, l'intero contenuto morale del nostro discorso non riguarda in alcun modo il rapporto tra uomo e ambiente ma soltanto quello tra diversi gruppi di uomini. Noi riteniamo ingiusto che alcuni uomini si arroghino il diritto di modificare l'ambiente essenziale alla vita di tutti gli altri aumentando la concentrazione di atrazina nell'acqua potabile o di anidride solforosa nell'atmosfera. Non ci interessa sapere se l'acqua a elevata concentrazione di atrazina oppure l'aria a elevata concentrazione di anidride solforosa possano essere riscontrate in natura in determinate condizioni geologiche o idrotermali: se così fosse, eviteremmo di vivere nei luoghi in cui si verificano tali fenomeni e, se questi fossero molto estesi, cercheremmo di intervenire sulle cause del fenomeno naturale per ridurlo o eliminarlo. Per la natura, atrazina, anidride solforosa e ossigeno sono tutte sostanze buone, nel senso che esistono e hanno una certa stabilità chimica. Per noi, però, non è lo stesso perché alcune sostanze ci risultano utili o tollerabili in elevate concentrazioni, altre sostanze ci sono invece nocive già in concentrazioni molto basse. Perciò, parlare di obblighi morali degli uomini nei confronti della natura è semplicemente privo di senso: non possono esistere obblighi di questo genere degli uomini nei confronti del loro ambiente più di quanti non ne possano esistere delle api nei confronti dei prati fioriti oppure degli scoiattoli nei confronti degli alberi   o degli esseri umani e il concetto stesso di "inquinamento" di un ambiente non può significare altro che trasformazione di tale ambiente in senso contrario alle esigenze della vita.

Per sopravvivere, tutti gli organismi richiedono energia, sia in forma di alimenti sia in altre forme che potremmo definire ausiliarie. Per una persona che si reca ogni giorno a lavorare in un ufficio situato a qualche chilometro dal suo luogo di residenza, il mezzo di trasporto, il computer, il telefono fisso e mobile costituiscono altrettanti mezzi ausiliari di sopravvivenza, così come lo erano le pietre scheggiate per i cacciatori del paleolitico o come lo è il sole per i rettili di ieri e di oggi. La tecnologia e la cultura oggi disponibili ci potrebbero certamente consentire di affrontare con un'efficienza ben superiore a quella attuale i diversi problemi legati allo sviluppo per esempio le diverse tipologie di inquinamento o la distruzione delle foreste tropicali. Tuttavia, l'impiego su larga scala della tecnologia e della cultura richiede notevoli risorse e non è affatto probabile che esso venga deciso a livello politico dagli attuali sedicenti stati leader del pianeta, succubi di assurde convinzioni che stanno portando il mondo letteralmente alla rovina. Perciò, anche in futuro, anche disponendo di nuove tecnologie ancora più avanzate di quelle attuali, non ci si può attendere molto dalle lobbies che hanno in pugno il pianeta, se non si riuscirà in qualche modo a rovesciarle e sostituirle con qualcosa di meno stupido. "Stupido" è esattamente l'aggettivo che Naomi Klein usa per definire il comportamento del capitalismo finanziario sedicente neoliberista che sottrae risorse essenziali non solo per la sopravvivenza degli esseri umani ma anche per il corretto funzionamento del pianeta per utilizzarle invece per vuote e insensate operazioni speculative che continuano a peggiorare la situazione generale. Ormai stiamo vivendo un'autentica emergenza, sospesi tra la minaccia del tracollo ecologico e quella della guerra nucleare con la quale un pugno di imbecilli sanguinari si illude di alleggerire il carico demografico dei paesi poveri.

Nella realtà. delle cose, però, lo sviluppo demografico non è controllato dalla volontà cosciente degli uomini ma piuttosto da altri fattori che appaiono relativamente ciechi e automatici. Per esempio, è stata ripetutamente osservata una correlazione negativa tra sviluppo demografico da un lato e sviluppo economico e dei servizi sanitari dall'altro. Una tale correlazione fa pensare che le possibilità concrete di controllare il futuro sviluppo demografico dell'umanità siano strettamente legate, a medio termine, alla possibilità di assicurare un adeguato sviluppo economico dei paesi poveri e, a breve termine, a un miglioramento dei servizi sanitari che proceda più rapidamente dello sviluppo economico.

Ogni uomo, per vivere sulla Terra, richiede una certa quantità di energia. Questo costo energetico può essere relativamente modesto se l'uomo in questione vive al limite della sussistenza, ma aumenta moltissimo se invece dispone di beni come una casa riscaldata, ben dotata di moderni elettrodomestici, di automobili, barche, motociclette etc. Aumentando il numero degli abitanti della Terra, dobbiamo reperire sempre più energia per assicurare loro uno standard minimo di vita e per smaltire l'inquinamento che necessariamente viene provocato da tutte le attività umane. La principale variabile da considerare per la chiusura del cerchio è la richiesta globale di energia che, evidentemente, dipende sia dal numero totale di abitanti del pianeta sia dallo sviluppo economico medio raggiunto dal complesso della popolazione.

Secondo le proiezioni della Banca Mondiale che si azzardano fino al 2100, le attuali tendenze demografiche sono destinate a proseguire ancora per diversi decenni. La popolazione mondiale dovrebbe aumentare fino a oltre 8,1 miliardi di persone nel 2025 e stabilizzarsi dopo avere raggiunto il limite di 11 miliardi verso il 2100. È previsto un aumento particolarmente notevole delle popolazioni dell'Africa che dovrebbero passare dagli attuali 1100 milioni a 1600 milioni nel 2025, 2800 nel 2100.

Queste proiezioni sono basate sull'ipotesi che la speranza di vita media sia di 75 anni e che tutte le nazioni della Terra si assestino su un livello di fecondità di 2,1 figli per donna. Tale ipotesi implica, tuttavia, un rapido e notevole aumento del livello socioeconomico e culturale dei paesi del Terzo Mondo, aumento che implica e richiede un notevole aumento di produzione di energia pro capite. Le previsioni demografiche della Banca Mondiale sono generalmente considerate molto attendibili. Io, però, non riesco a capire in base a quali indicazioni provenienti dalle attuali tendenze si possano coltivare speranze di questo tipo e non sospettare invece che, a meno che non si metta in atto un massiccio intervento di aiuti economici nei confronti del Terzo Mondo, potrebbe anche accadere qualcosa di molto peggio. In natura, infatti, è ben noto che il problema dell'eccessiva densità di popolazione viene generalmente risolto per mezzo di epidemie e/o per mezzo di un forte aumento di aggressività e mi pare che entrambi questi fenomeni siano già osservabili nel mondo umano del 2018.

In ogni caso, sia che le previsioni si avverino sia, a maggior ragione, che esse si dimostrino troppo ottimiste, i nostri discendenti saranno costretti a vivere in un mondo difficile da immaginare, ai confini di una sempre possibile catastrofe. Verosimilmente, la disciplina necessaria per assicurare a molti un minimo di risorse e a un piccolo gruppo di privilegiati molto di più della media sarebbe tanto grande da creare le condizioni adatte per il dominio di governi dittatoriali, il che è ciò che puntualmente si sta verificando anche nelle sedicenti democrazie occidentali. Inoltre, basterebbe un piccolo incidente per provocare la morte per fame di migliaia di persone, lo scoppio di guerre locali, la ricorrente e sempre più incombente minaccia di una guerra nucleare globale che spazzerebbe via miliardi di persone, se non proprio tutte.

Nei prossimi anni sarà comunque necessario incrementare notevolmente la produzione di energia e anche l'efficienza tecnologica della sua produzione per fronteggiare le esigenze di crescita economica dei paesi del Terzo Mondo. I combustibili fossili come il petrolio presentano peraltro due gravi inconvenienti: in primo luogo essi rappresentano una fonte di energia che, per quanto abbondante, è comunque limitata e non rinnovabile, in secondo luogo, la loro combustione produce nell'atmosfera un notevole aumento di concentrazione di ossidi di zolfo e di azoto, fluorocarburi e del tasso globale di anidride carbonica che minaccia uno sconvolgimento climatico che è stato annunciato da tempo, che peraltro non è mai stato preso sul serio dalle cosiddette autorità competenti e che da alcuni anni ha iniziato a esprimersi con una violenza inaspettata. L'alterazione improvvisa dell'antico e consolidato bilancio tra fotosintesi e respirazione-fermentazione con il continuo innalzamento del tasso di questo gas nell'atmosfera produce infatti gravi conseguenze climatiche e ambientali. L'anidride carbonica, infatti, agisce come ì vetri di una serra, lasciando filtrare i raggi del sole, ma intrappolando il calore che ne deriva, sicché la conseguenza del suo aumento è un continuo aumento della temperatura media del pianeta.
L'ipotesi di aumenti medi della temperatura terrestre da 1,5 fino a 5,5 gradi centigradi non ha impressionato molto la gente, convinta che un tale fenomeno non sia poi troppo preoccupante, neppure se una parte dei ghiacci permanenti dovesse fondere e il livello del mare si alzasse di un metro provocando la sommersione di tutte le città costiere. Più preoccupanti sono risultate le violente alluvioni e i violentissimi uragani di questi ultimi anni che tuttavia non sono ancora percepiti dalla massa della popolazione come legati alla attività umana. Il peggio è che, quando

questa percezione infine ci sarà, ogni azione per limitare i danni richiederà un tempo molto lungo per avere qualche efficacia.

Dal 1990 a oggi il consumo di energia è aumentato costantemente e l'unica notazione positiva è che la sua produzione per mezzo di fonti rinnovabili (solare, eolica) era passata dal 7% al 19% già nel 2006. Esistono anche alcuni casi virtuosi come quelli della Germania che già nel 2013 stava producendo il 25% dell'energia per mezzo di fonti rinnovabili (da confrontare con il 4% degli USA nello stesso anno) e che ha un piano nazionale per arrivare al 55-60% entro il 2035. Nel suo ultimo libro *"This changes everything"*, Naomi Klein osserva che il notevole risultato già ottenuto e l'ancora più notevole traguardo programmato sono stati resi possibili dalla nazionalizzazione delle compagnie elettriche che, in precedenza, erano state privatizzate. Infatti, è evidente che solo un ente pubblico può curare l'interesse generale dei cittadini mentre un privato, per forza di cose, dovrà mettere in primo piano il profitto.

A questo particolare tema è interamente dedicato il capitolo seguente.

8. PUBBLICO E PRIVATO

La vera e propria disgrazia dell'umanità, di tutta l'umanità, compresa l'esigua minoranza che di una tale situazione si illude di avere finora beneficiato, è stato il trionfo del cosiddetto neoliberismo, definizione decisamente inappropriata per un sistema economico che assicura l'assoluta libertà di una piccolissima minoranza di privilegiati (forse l'1% della popolazione, comprendendo annessi e connessi) e invece il profondo malessere e la riduzione in stato di precariato della grande maggioranza degli esseri umani che spesso perdono il lavoro e si vedono anche ridotte le opportunità di riaverlo. Il problema principale non è nemmeno questo, però, è invece che di questa assoluta libertà, la piccola minoranza non può fare altro che un pessimo uso, con conseguenze disastrose per lo stato del pianeta che, in questi ultimi decenni (1988-2018) è decisamente peggiorato.

Quello che oggi chiamiamo gruppo occidentale è costituito dalla NATO (USA e suoi cosiddetti alleati, soprattutto della UE), che ha ritenuto di avere vinto la guerra fredda nel giorno di Natale del 1991, quando venne annunciata la dissoluzione della Unione Sovietica. Personalmente, ritengo che si sia trattato di una vittoria di Pirro, ottenuta per mezzo del tradimento giocato a Michail Gorbaciov, un politico da un lato molto particolare in qualità di sognatore, dall'altro molto ingenuo, dato che ammirava la cosiddetta democrazia occidentale e che pertanto si era voluto lanciare in rischiose riforme fidandosi senza serie garanzie della buona fede dei suoi interlocutori neoliberisti. Mentre Gorbaciov lavorava per trasformare, nelle sue speranze, l'Unione Sovietica in una inedita democrazia socialista, i suoi falsi amici si davano da fare nelle varie repubbliche della federazione per alimentare la corruzione e, per mezzo di essa, divisione e scompiglio senza precedenti. Il risultato finale fu la dissoluzione dell'URSS, un evento spacciato per auto-collasso che invece fu un collasso pilotato da potenze straniere che perseguivano i propri meschini, apparenti interessi contro quelli dell'umanità intera e, in definitiva, anche quelli di se stessi. Si trattò veramente della massima tragedia geopolitica del ventesimo secolo, ancora più grave della dissoluzione dell'impero austro-ungarico nel 1918, perché in effetti non giovò a nessuno, neppure ai presunti vincitori.

Gli USA, in effetti, non erano affatto interessati alla democratizzazione dell'URSS, piuttosto lo erano a mettere le mani sulle sue risorse economiche e strategiche ponendo fine al regime comunista e impadronendosi a buon mercato alle risorse di un paese immenso che venivano privatizzate.

La fine del potente regime comunista sovietico permise agli USA di lanciarsi senza remore nel più temerario e anche più violento processo di restaurazione socioeconomica mai tentato dai tempi del congresso di Vienna: la trasformazione di tutte le economie mondiali da essi raggiungibili in economie strettamente private, la colonizzazione degli ex paesi comunisti, l'aggressione sistematica a quei paesi che tentavano di resistere, prima per mezzo dell'agitazione di minoranze etniche e culturali, poi di secessioni e ribellioni accuratamente programmate e infine, in caso di ulteriori difficoltà, di veri e propri attacchi militari.

Questo attacco frontale aveva esattamente lo scopo di riportare i rapporti tra le diverse classi sociali ai tempi precedenti la fondazione dei partiti socialisti, nel secolo 19°. Scrive il naturalista americano David Orr nella sua prefazione al volume del 2014 di "State of the world", il resoconto annuale della situazione ambientale del pianeta del prestigioso Worldwatch Institute (mia traduzione dall'inglese):

"Da mezzo secolo le democrazie occidentali, in modo particolare nel Regno Unito e negli Stati Uniti, combattono una guerra concertata contro il concetto stesso di governo. L'origine di questo atteggiamento si può ritrovare ai più virulenti attacchi del liberalismo classico al potere tradizionale della casa reale britannica. Nella sua forma attuale ebbe voce in America da Ronald Reagan che riuscì a indirizzare il partito *repubblicano e la massima parte dei politici americani intorno all'idea che "il governo è il problema", nel Regno Unito da Margaret Thatcher il cui governo ebbe come principio di base l'idea che non esistesse la "società" ma soltanto i particolari interessi individuali. Si aggiunsero poi altre forze e fazioni in una eterogenea alleanza di ideologi, magnati dei mezzi di comunicazione, corporazioni, economisti orientati a destra come Friedrich Hayek e Milton Friedman.*

Al successo dell'iniziativa hanno poi contribuito altri fattori. In modo particolare, negli Stati Uniti, le guerre e l'eccessiva spesa militare hanno fortemente contribuito all'impoverimento del settore pubblico e alla diminuzione di credibilità delle istituzioni pubbliche. D'altro canto, la crescita delle corporazioni multinazionali e l'economia globale hanno creato fonti alternative di potere e di autorità. Corruzione, brogli elettorali e stampa di destra hanno infine contribuito sempre di più a far crescere l'ostilità pubblica nei confronti dei governi, della politica e persino del concetto di bene pubblico in generale. La diffusione di Internet ha pure contribuito a dividere il pubblico in tribù ideologiche, a spese di un dialogo pubblico ampio e civile."

"E tuttavia" osserva ancora giustamente Orr *"la guerra contro lo stato non è ciò che pretende di essere. In effetti, non è affatto una guerra contro l'eccessiva invadenza dello stato ma piuttosto una campagna concertata per ridurre unicamente le parti dedicate al pubblico benessere, salute, istruzione, ambiente e infrastrutture. Al contrario, i conservatori, praticamente ovunque, sono a favore dell'aumento delle spese militari, sorveglianza nazionale, aumento delle forze di polizia, esorbitanti contributi per le industrie di combustibili fossili e per l'industria nucleare, riduzioni di tasse per le grandi industrie e per i grandi ricchi".*

"Come risultato di questa politica" conclude Orr, *"è diminuita la capacità dello stato di risolvere problemi pubblici ed è invece aumentato il potere del settore privato, banche, istituzioni finanziarie e grandi industrie"* In pratica si potrebbe commentare che all'era della democrazia è seguita quella della cosiddetta post-democrazia: drastica riduzione della democrazia e forte aumento di polarizzazione delle ricchezze su una minoranza estrema di privilegiati.

Se questa è l'attuale situazione nell'occidente, oggi post-democratico, immaginiamo quale possa essere in altri paesi del mondo dove la povertà e la totale mancanza di servizi di qualsiasi tipo prodotte dalla polarizzazione suddetta, spesso con l'aggiunta della destabilizzazione politica, sospingono molti giovani a cercare una parvenza di futuro all'interno di gruppi ultraradicali capaci di una predicazione efficace e alternativa al silenzio sinistro del gruppo dominante. Si tratta di una "crisi delle crisi" – ogni crisi amplificata da tutte le altre – *in cui* – scrive ancora Orr - *una Terra in rapido riscaldamento, occupata da quelli che ben presto saranno dieci miliardi di persone divise in 193 stati, dei quali alcuni dotati di armi nucleari, altri dediti ad antichi odi religiosi ed etnici, tutti alla ostinata ricerca di possibili e impossibili vantaggi politici ed economici, rischia la sopravvivenza della civiltà faticosamente raggiunta in alcune migliaia di anni.*

Un problema gravissimo e, in un certo senso, inatteso (almeno da alcuni) della transizione dal mondo bipolare e a economia mista dei tempi precedenti il 1991 al mondo sedicente unipolare e a economia essenzialmente privata di oggi (capitalismo finanziario) è stato il forte aumento di aggressività del blocco dei paesi dell'alleanza NATO-UE, a guida USA. Poco dopo la caduta di Gorbaciov e la dissoluzione dell'URSS, gli USA hanno progettato e apertamente ammesso di puntare al controllo politico dell'intero pianeta. Coerentemente con questa pretesa, hanno investito somme enormi in armamenti, hanno espanso la NATO trasformandola sempre di più in un'alleanza di tipo offensivo piuttosto che difensivo, hanno destabilizzato o tentato di destabilizzare molti regimi considerati poco o punto controllabili in un gran numero di paesi in Europa, Africa, Asia, America latina, hanno creato situazioni esplosive nelle quali ormai letteralmente milioni di persone hanno perso la vita e altre decine o centinaia di milioni hanno subito e tuttora subiscono grandi sofferenze. Questo particolare tema verrà trattato nel dettaglio nel capitolo 12 mentre in questa sede vorrei unicamente sottolineare la prevedibilità scientifica di un aumento della violenza in un mondo in cui le risorse e quindi anche il potere tendono a polarizzarsi.

Nella edizione del 1990 di questo libro, con il titolo "L'arca di smeraldo", avevo cercato di immaginare l'aspetto del paesaggio e le probabili abitudini umane in un pianeta in cui la popolazione avesse raggiunto e superato i dieci miliardi di abitanti. Non era un esercizio tanto difficile, tutto sommato, bastava cercare di estrapolare le tendenze che si notavano già allora. Però era un esercizio sbagliato, e ciò per il semplice motivo che, aumentando la densità di popolazione di qualsiasi specie di animale, si verifica un nuovo fenomeno: scatta l'aggressività, motivata da vari pretesti futili, pretesti che nascondono la ferma volontà di accaparrarsi le risorse alimentari, idriche, territoriali, energetiche in via esclusiva, per non rischiare di esserne privati nel momento in cui dovessero ulteriormente diminuire. Ciò che i sedicenti neoliberisti ignoravano nel 1990, e che purtroppo sembrano ignorare ancora oggi, è che l'aggressività si scatena nel modo più violento quando qualcuno ritiene, a torto o a ragione, di detenere il potere in modo assoluto o fortemente prevalente e che la fetta di potere e anche il livello di aggressività di ogni nazione, ogni gruppo sociale, ogni individuo è legata alla quantità di risorse che da questa entità o questo individuo sono già detenute. Nel 1968, gli studenti in sciopero gridavano in coro: *"Il potere sta sulla canna del fucile"* volendo significare che la legittimazione storica non può essere basata su improbabili operazioni di voto, del resto in crisi quasi ovunque, ma piuttosto nel possesso di risorse sufficienti ad assicurare un sicuro controllo di tipo militare. Questa è la pura e semplice verità, come si è potuto osservare a partire dal 1990 nei rapporti tra est e ovest nonché molti anni prima tra nord e sud del mondo. Per questo motivo l'unica vera forma di democrazia può essere soltanto la suddivisione equa delle risorse e l'unico modo di avere uno Stato solido ed efficiente è quello di lasciarlo in possesso perlomeno di tutte le risorse essenziali all'intera comunità dei cittadini, acqua, energia elettrica, trasporti pubblici e via dicendo.

A seguito delle frettolose e irresponsabili "democratizzazioni" di Gorbaciov, che si preoccupava di risultare "credibile" di fronte a una America ben decisa a tendergli una trappola, agenti segreti stranieri di provenienza occidentale riuscirono a infiltrarsi in diverse repubbliche sovietiche e a soffiare sul fuoco dell'indipendentismo. Così accadde in primo luogo in Azerbaigian, Armenia, Georgia e nelle tre repubbliche baltiche (1989-1990), paesi che d'altra parte avevano conosciuto un periodo di indipendenza tra la prima e la seconda guerra mondiale, e poi ancora in Ucraina, la repubblica più popolosa dell'URSS dopo la Russia, che sembrò rimanere tranquilla fino alla notte di Natale del 1991, quando tutte le quattordici repubbliche eurasiatiche dell'URSS, certo imbeccate da qualcuno non neutrale, esercitarono il diritto di secessione che Gorbaciov, stoltamente, aveva loro concesso. In questo modo l'ingenuo ultimo presidente sovietico venne ringraziato dall'occidente dello scioglimento del patto di Varsavia e dell'affrancamento dal blocco comunista di sei paesi dell'est europeo (Germania orientale, Polonia, Cecoslovacchia, Ungheria, Romania, Bulgaria) precedentemente legati all'URSS. Delle due repubbliche tedesche era stata anche concordata la riunificazione politica che peraltro funzionò come una pura e semplice annessione della Germania orientale a quella occidentale e modificò non poco la geografia politica dell'Europa. Dopo la riunificazione suddetta (1992), a dispetto delle promesse americane, seguì in tempi brevi la decisione NATO (vertice di Bruxelles, 1994) di allargare l'alleanza, dopo di che furono ben dodici i nuovi paesi che vennero invitati a farne parte: per primi Polonia, Repubblica Ceca e Ungheria (1999), poi Bulgaria, Romania, Estonia, Lettonia, Lituania, Slovacchia e Slovenia (2004) e infine Albania e Croazia (2009). Ben poco si sa degli eventi che stanno dietro a questo gigantesco processo di stravolgimento e autentico tradimento degli accordi USA-URSS del 1989, ed è evidente che chiunque tentasse di ricostruire gli eventi sarebbe accusato di "dietrologia", parola insensata riservata dai propagandisti occidentali a tutti coloro che tentano di analizzare gli eventi della storia contemporanea. Del resto, scriveva già Tucidide nella sua storia della guerra del Peloponneso che gli accordi nulla valgono se non sono stipulati tra potenze di uguale potenza, e non si può certo negare che la dissoluzione dell'URSS avesse causato, in quel periodo, una diminuzione del peso politico e anche militare della Russia che gli USA decisero unilateralmente di declassare idealmente da potenza globale a potenza regionale.

Di dietrologia (o anche "complottismo") sarebbe pure accusato chi tentasse di immaginare chi mai abbia potuto incoraggiare i moti studenteschi di Pechino che, nel 1989, furono infine repressi nella ormai famosa piazza di Tienanmen mentre di cinismo e capovolgimento dei valori morali sarebbe ritenuto responsabile, almeno in occidente, colui che, come il sottoscritto, sostenesse che il vero colpevole del dramma umano di quella dura repressione non fu tanto il repressore finale quanto il fomentatore iniziale. Infatti, nei quasi trent'anni anni trascorsi da quel triste giorno la Cina ha voltato pagina e ha compiuto straordinari progressi che oggi la rendono la prima potenza economica del pianeta e anche quella che più di tutte abbia mantenuto un controllo dello Stato sulla sua economia e la sua politica. Se la dura repressione della piazza di Tienamnen non fosse stata messa in atto, è probabile che l'infiltrazione occidentale avrebbe sospinto artatamente il paese in tutt'altra direzione. Certo, è molto spiacevole che un migliaio di ingenui ragazzi ci siano andati di mezzo, ma questo non importava affatto ai provocatori. Ci hanno riprovato a Hong Kong nel 2014 con modalità simili ma stavolta sono stati anche sconfitti con metodi pacifici, segno evidente del progresso cinese in questi anni.

Al 2004 bisogna invece arrivare per giungere alla strage di Beslan che fu il tristissimo risultato del più grave atto di terrorismo di matrice ceceno-islamica avvenuto in territorio russo. Si trattò dell'occupazione di una scuola nel primo giorno dell'anno scolastico da parte di un gruppo di 32 terroristi che presero in ostaggio oltre milleduecento persone minacciandole di morte dopo averle ammassate nella palestra. La gestione di questo terribile episodio da parte del presidente Putin (che era succeduto a Eltsin nel 1999) fu aspramente criticata a causa del risultato finale del sequestro: 386 morti (334 ostaggi, 21 tra polizia, civili e soccorritori, 31 terroristi) e circa 700 feriti e mutilati anche gravemente. Tuttavia, a distanza di undici anni da quel disgraziato evento, è ancora difficile capire quali fossero gli obiettivi dei terroristi e da chi fossero stati incoraggiati e armati. In ultima analisi, a me pare ragionevole che dietro di essi agissero le stesse forze che avevano già destabilizzato, oltre la Cecenia, l'Irak e l'Afghanistan e che in seguito avrebbero destabilizzato l'intero Medio Oriente e creato l'ISIS. In effetti, è ragionevole ipotizzare che gli ultras occidentali rimpiangessero la docile gestione politica della

Russia dell'alcoolista Eltsin e intendessero inviare un forte avvertimento di tipo mafioso al presidente Putin invitandolo ad adeguarsi e riconoscersi quale vassallo per evitare guai peggiori. Una tale ipotesi non appare poi tanto peregrina quando si conoscano i rapporti esistenti tra i servizi segreti americani e l'estremismo islamico. Quanto alla gestione di quel difficilissimo episodio da parte di Putin, è anche possibile che vi siano stati errori e sottovalutazioni dei rischi ma tutto è poco chiaro, degli eventi in questione esistono varie versioni, del resto ampiamente discusse in diverse sedi.

Gli occidentali hanno dovuto perciò rinunciare a mettere le mani sulla Cina e sulla Russia e invece si sono dati molto da fare per farlo sui paesi arabi con le cosiddette "primavere" del 2011 che avevano il preciso scopo di aprire i mercati di questi paesi alla penetrazione delle imprese private del complesso USA-UE-NATO o anche soltanto regolare i conti tra imprese petrolifere americane da un lato ed europee dall'altro. L'operazione ebbe un certo successo in Algeria e Tunisia, incontrò serie difficoltà in Egitto e si rivelò disastrosa in Libia, Irak e Siria, dove tuttavia essa sta proseguendo lasciando dietro di sé nel complesso mezzo milione di morti, milioni di profughi e un disperato flusso di esseri umani dall'Africa all'Europa, flusso che gli stupidi di turno deplorano senza minimamente sognarsi di tentare di analizzare le cause che l'hanno determinato e che tuttora lo alimentano.

Della Jugoslavia e dell'Ucraina tratterò nel capitolo 12 ma in questa sede non posso tacere che il selvaggio smembramento dell'unica repubblica federale socialista che si potesse definire abbastanza democratica e piuttosto prospera, la Jugoslavia, fu messo cinicamente in atto non solo per impadronirsi delle sue risorse ma anche e soprattutto per cancellare l'ultimo stato socialista europeo, a costo di provocare un milione di morti e drammatici impoverimenti di intere regioni. Il risultato presentava, per i suoi sponsor, l'ulteriore "vantaggio" di frammentare ancora di più l'Europa politica e poterla in tal modo più facilmente dominare. Per colmo dell'ironia, coloro che si erano battuti militarmente per conservare l'unità nazionale e non cedere alla corruzione dello straniero furono arrestati e processati per delitti contro l'umanità!

A questo proposito, l'opportunismo criminale USA-UE-NATO appare quasi incredibile. Dopo avere ispirato e sostenuto con apparente passione le secessioni di Croazia, Slovenia, Kosovo, Montenegro, Macedonia, Bosnia e avere infine sanguinosamente ridotto la Federazione Jugoslava alla sola Serbia, dopo avere bombardato Belgrado con gravissime conseguenze, con una improntitudine incredibile, eccoli appena dieci anni dopo opporsi con argomenti pseudo-giuridici e con le bombe contro la popolazione civile alla secessione della Crimea e del Donbass dall'Ucraina, perché stavolta la volontà popolare avvantaggia i russi e non il "Vip Club" USA-NATO-UE.

Tutte queste azioni, sempre violente nella sostanza e in genere anche nella forma, hanno contribuito a ridurre drasticamente il patrimonio pubblico europeo che è stato soggetto a una serie di privatizzazioni più o meno forzate di risorse essenziali, spacciate come unica via moderna allo sviluppo o come necessità assoluta per ripagare debiti contratti con banche a causa di interessi usurai creati dolosamente per mezzo di ignobili agenzie di valutazione. Di che razza di sviluppo si parlasse si poté constatare a partire dal 2008, quando gli effetti della rapina finanziaria occidentale sugli stessi paesi che componevano il sedicente "Vip Club" incominciarono a farsi sentire in modo marcato. Per l'Italia, il presidente Napolitano, apparentemente sollecitato da altri paesi UE, nel 2011 sostituì al governo Berlusconi il governo Monti che aveva lo scopo specifico di saldare i debiti con i creditori stranieri, a costo di qualsiasi sacrificio nazionale. Si dirà che è giusto pagare i debiti, e su questo io sono certamente d'accordo, ma non mi pare tanto giusto pagare interessi gonfiati ad arte per mezzo di un trucco nel quale il vostro paese è caduto a causa dell'ingenuità o forse della corruzione di chi aveva firmato il patto originario. Immaginate, infatti, di avere un debito a tasso variabile in cui la percentuale dei vostri interessi da pagare dipende dal cervellotico giudizio sulla vostra "affidabilità" di un sedicente istituto di analisi economica che può fare schizzare i vostri interessi a percentuali tali da rendere il vostro debito praticamente non più ripagabile. In Grecia, questi autentici vampiri sono riusciti a portare il paese sull'orlo del fallimento nonché a stravolgere gli equilibri politici del paese dato che il popolo ha iniziato a sospettare di essere governato o da incompetenti o da venduti o da una combinazione delle due cose.

La difficoltà della lotta per riprendere il controllo della situazione è resa estrema dalla enorme disparità di mezzi economici esistente tra i finanz-capitalisti che dirigono l'orchestra e la gente comune ragionevole che desidererebbe opporsi a questo vortice che sta risucchiando tutto e tutti in uno stato di povertà al quale non si era più abituati e al quale non è ragionevole tentare di ri-abituarsi. Non solo non esiste più una sinistra, nemmeno la più moderata tra le possibili sinistre, ma la gente, imbottita dalla propaganda televisiva, percepisce, non dico la parola "socialismo" ma anche solo semplicemente la parola "sociale" come qualcosa di sbagliato e di superato. Ognuno crede di potersi salvare individualmente e di potere disprezzare gli sforzi del recente passato di fornire le stesse opportunità a tutti gli esseri umani soltanto perché i suoi risultati non sono stati positivi, certo a causa di diversi errori tattici e strategici. Come se ancora più negativi non fossero stati finora gli attuali tentativi di gestire tutto in modo privatistico.

In Italia, alla distruzione sistematica del settore pubblico si è stati spinti recentemente a ovviare per mezzo di "riforme" che ne prendessero atto come di una realtà definitiva, non più suscettibile di modifiche in senso sociale. Questa è infatti la convinzione del gruppo di potere internazionale che è riuscito, dai tempi della caduta di Gorbaciov, a portarci fino a questo punto. L'utilizzazione da parte degli USA a scopo militare e marziale delle risorse in tal modo forzatamente estorte ai suoi alleati-vassalli peggiora la situazione perché ormai sembra proprio che i sedicenti padroni del mondo, esaltati dai loro stessi (apparenti) successi, ritengano che la guerra totale sia una opzione possibile per consolidare le loro azioni e terrorizzare chiunque tentasse di contrastarle.

9. PARCHI E ZONE PROTETTE

Sull'altopiano, l'aria del mattino sulla nostra auto in corsa è fresca e gradevole, l'orizzonte è rosa e blu, il terreno ondulato lascia indovinare il colore chiaro delle erbe secche.

Gli alberi sono oggetti rari, larghi e maestosi, talvolta con cime adorne di aquile, poiane o falchi giocolieri che scrutano la prateria preparandosi a nuovi voli. Sulla savana, le sagome di gran lunga più comuni sono quelle degli erbivori, strani gnu simili a impossibili incroci tra bisonti e antilopi, damalischi sparsi come mucche improvvisamente diventate agili e tristi, gazzelle guizzanti a legioni come pesci volanti al passaggio di una nave, scintillanti zebre scomposte in tremolanti miraggi dal contrasto stesso del loro disegno.

Molto più rari e più furtivi appaiono i carnivori: con la testa alta e il posteriore quasi strisciante a terra galoppano due iene che sembrano dirette verso una precisa meta; da un terrapieno emerge furtivo uno sciacallo che ci scruta con i suoi occhi a mandorla e subito accende la sua groppa d'oro e di bronzo ai primi raggi del sole.

Intorno a noi si estende ancora tutto lo spazio che altrove si è dissolto, rimangono le antiche comunità di organismi che, prima di noi, dominarono la parte macroscopica del pianeta. Questo territorio che stiamo attraversando è un tipico rappresentante di quei frammenti di Terra inviolata che, nel secolo scorso, per una singolare circostanza, ricevettero il nome storico di Parchi.

Nel 1864, il presidente degli Stati Uniti d'America Abramo Lincoln firmò un atto che poneva sotto protezione «quale risorsa destinata all'uso e alla ricreazione del pubblico» la valle dello Yosemite e l'adiacente foresta di sequoie di Mariposa, in California. Nella storia umana, questa non era certamente la prima occasione in cui un'area naturale veniva posta sotto tutela. Protette a vario titolo, e anche con molto rigore, erano sempre state varie riserve di caccia di regnanti o di nobili e protetti erano stati talvolta anche alcuni luoghi di culto in diversi paesi; tuttavia, l'atto del presidente Lincoln fu probabilmente il primo nella storia dell'uomo in cui un ambiente naturale veniva posto sotto tutela integrale nell'esclusivo interesse morale dell'intera collettività. A titolo di curiosità si può aggiungere che tuttavia lo Yosemite non assunse la denominazione ufficiale di Parco Nazionale prima del 1890 e pertanto non fu, formalmente, il primo parco nazionale del mondo. La priorità formale va invece riconosciuta allo Yellowstone, nello Wyoming, che fu dichiarato Parco dal presidente Ulysses Grant con una legge dell'1 marzo 1872. Nel discorso al Congresso del relatore ufficiale della legge, il giudice Cornelius Hedges, si possono leggere alcuni passi di grande interesse storico. Per esempio: «Mi sembra che Dio abbia creato questa regione affinché gli uomini di tutto il mondo possano vederla e goderne per sempre. Non è possibile che una singola persona possa pensare di appropriarsi di essa a suo solo vantaggio. Questo grande dominio della Natura non appartiene a nessuno di noi in particolare. Appartiene, invece, alla Nazione. Facciamone un Parco pubblico e poniamolo sotto protezione ... affinché non venga mai modificato, ma sia per sempre mantenuto intatto».

C'erano, nelle parole di Hedges al Congresso americano, tutti i principali elementi sia formali sia ideologici che, alla fine del secolo 19°, caratterizzarono i primi passi del movimento per la conservazione della natura. Anzitutto la scelta della parola Parco, operata durante una memorabile spedizione nel territorio dello Yellowstone dello stesso Hedges insieme con un geologo, un ufficiale dell'esercito e un banchiere. Per un mese, Hedges e i suoi compagni di viaggio avevano battuto in lungo e in largo le foreste e le valli dello Yellowstone e vi avevano effettuato rilevamenti e mappature con il preciso scopo di pianificare lo sfruttamento commerciale di quel territorio del favoloso West americano rimasto ancora vergine. Vi avevano trovato molte risorse di rilevante interesse economico, ma avevano anche incontrato profondi canyons, spettacolari cascate, multicolori *geysers*, giganteschi alberi e, ovunque,

animali di ogni genere. Una notte, seduti attorno al fuoco di un campo.
erano finalmente riusciti a esprimere in modo chiaro ed esplicito i pensieri
che, fin dall'inizio di quella singolare spedizione, si erano presentati alle
loro menti: di quei luoghi solenni ogni violazione sarebbe stata
impensabile e anzi si sarebbe dovuta considerare come un atto criminale
che nessun uomo degno di questo nome avrebbe potuto compiere;
quell'area straordinaria in cui essi avevano viaggiato per intere settimane
e da cui avevano ricavato una profonda impressione doveva restare
intatta per sempre a beneficio morale di tutti gli altri uomini. Dal punto di
vista giuridico-economico, osservò qualcuno in quel gruppetto di uomini
pratici, si sarebbe potuto considerarla un vero e proprio *parco* che,
analogamente alle zone verdi urbane, avrebbe avuto la funzione di
tonificare moralmente i cittadini con vantaggio di ciascuno di essi, ma
anche della collettività. Questa, infatti, sarebbe stata dotata di un nuovo
tipo di istituzione capace di ritemprare gli uomini facendoli ritornare alle
loro occupazioni con energia ed entusiasmo.

La coraggiosa idea di questo gruppetto di uomini di sottrarre allo
sfruttamento economico alcuni frammenti eccezionali di territorio ebbe
un enorme successo non soltanto negli Stati Uniti di America, ma ben
presto anche in tutto il resto del mondo: nel periodo compreso tra la
seconda metà del secolo diciannovesimo e la prima metà del ventesimo,
gli uomini più illuminati credettero profondamente e sinceramente che la
migliore possibilità pratica per la conservazione della natura fosse quella
di istituire tanti parchi nazionali. Come arche di Noè del nuovo tempo,
complete di animali, piante e minerali nel loro assetto originario, questi
parchi sarebbero rimasti per sempre a testimoniare l'originario aspetto
della Terra prima che l'uomo-cacciatore vi divenisse uomo-agricoltore.
Ancora nel 1971, nella prefazione di una guida turistica ai parchi nazionali
di tutto il mondo, la principessa Beatrice d'Olanda scriveva: «Vi è ragione
di dubitare che, in futuro, rimarranno ancora fauna selvatica o paesaggi
intatti al di fuori dei Parchi Nazionali, le Riserve Naturali e i Santuari».
Pressappoco nello stesso periodo, in Italia, il World Wildlife Fund
diffondeva un manifesto a colori di propaganda sul Parco Nazionale dello

Stelvio con un disegno raffigurante l'Europa interamente coperta di cemento tranne una piccola e splendida area verde nell'arco alpino.

Senza dubbio, fino all'inizio degli anni Settanta, la maggioranza degli stessi naturalisti e protezionisti riteneva in tutta sincerità che il solo assetto realisticamente auspicabile per il futuro della Terra fosse quello delineato in quel manifesto: un mosaico di «territori degli altri» (l'espressione è del significativo titolo di un film documentario) da rispettare come «Santuari», sparsi in un vasto «deserto naturalistico». Semmai, il dibattito poteva riguardare la possibilità di accesso per l'uomo nelle zone consacrate alla natura: certamente doveva essere regolamentato ma, secondo alcuni, doveva rimanere possibile senza eccessive difficoltà, come nella originaria concezione americana, mentre secondo altri doveva costituire una sorta di concessione eccezionale da usufruire comunque in tempi ben precisi, lungo percorsi prefissati e magari in gruppi accompagnati da apposite guide. Era una nuova. concezione della natura come tabù, ovverosia luogo eccezionale e sacro da sottrarre quanto più possibile all'uomo. Non riesco a pensare alla piega che avrebbe preso il dibattito su questo scottante tema se nel 1967 non fosse uscito negli Stati Uniti un libro di Robert McArthur e Edward Wilson con un titolo che, a prima vista, sembrava puramente tecnico e assolutamente innocuo: *La teoria della biogeografia insulare.*
Scienziati di vasta cultura e dotati di una rara capacità di visione interdisciplinare, McArthur e Wilson avevano studiato la fauna e la flora di una vasta serie di isole oceaniche ed erano giunti alla conclusione che quanto più un'isola è piccola e lontana dal continente, tanto più tende a impoverirsi di specie dato che i processi di estinzione vi diventano più facili e quelli di immigrazione più difficili. Una situazione molto simile si verifica anche nel caso delle "isole" di habitat naturale costituite da zone protette (si pensi. per esempio, ai boschi dell'Europa centrale, circondate da migliaia di chilometri quadrati di ambienti urbanizzati o comunque molto diversi da quelli posti sotto protezione. Qui, proprio la fauna più rara e più pregiata, la cui presenza ha giustificato la stessa istituzione della riserva, tende a estinguersi tanto più rapidamente quanto più piccolo è il "santuario". Dunque, la stessa concezione dei parchi e delle riserve come

moderne arche di Noè veniva a essere messa profondamente in crisi: i parchi erano in effetti neo-isole dai popolamenti precari, fazzoletti di terra in cui la sopravvivenza della fauna era sospesa a un filo e poteva essere assicurata a lungo termine soltanto da opportuni interventi di "gestione" umana.

Tra l'altro, Poiché il territorio di molti parchi era piccolo e spesso anche sensibilmente modificato dalle attività umane, le stesse differenze tra parchi naturali e parchi urbani (creati dall'uomo) e persino tra parchi naturali e grandi giardini zoologici apparivano sempre più tenui e più sfumate. In fondo, se ci si trovava di fronte a una tenuta recintata di mille ettari, popolata da daini, conigli, volpi e uccelli di bosco, che importanza poteva avere sapere se aveva tratto origine dall'ultimo residuo di un'antica, estesissima selva oppure dalla piantagione ex novo di un boschetto artificiale in una zona già del tutto denudata dalla originaria vegetazione arborea?

Già da sola, la teoria della biogeografia insulare sarebbe stata in grado di mettere in crisi profonda l'originaria concezione americana di Parco Nazionale. Tuttavia, nella realtà degli eventi, essa giocò soltanto un ruolo accessorio. Furono molti altri eventi di ordine storico, politico, economico e sociale a modificare profondamente l'idea originaria e ad avviarla in un movimento senza fine che ancora oggi non ha trovato un preciso punto di arrivo.

Innanzi tutto, i numerosissimi Parchi istituiti nel mondo appaiono oggi come entità profondamente varie non solo da un paese all'altro ma persino all'interno dello stesso paese. La varietà non deriva soltanto dall'ovvia diversità di tipo di ambiente naturale e di estensione geografica, ma anche dall'eventuale grado di modificazione già attuato sul territorio, dalla possibilità e dall'opportunità di un'eventuale inversione di rotta, dall'entità e dal tipo di attività economiche degli eventuali insediamenti umani esistenti e via dicendo. In pratica, l'idea iniziale di approntare una sorta di manuale internazionale delle zone protette, con standard fissi e "obbligatori" per ciascun livello di protezione, è apparsa sempre più se non inattuabile, perlomeno scarsamente utile. Ogni zona protetta rappresenta un caso a sé, all'interno delle numerosissime circostanze naturalistiche e antropiche nelle quali si trova collocata, e come tale va necessariamente trattata se si vuole che l'istituzione di un parco sia un evento favorevole per la conservazione degli ambienti naturali e non una semplice azione burocratica vuota di ogni significato pratico.

Consideriamo, per esempio, l'area della riserva nazionale di Masai Mara, in Kenya: è una immensa savana che continua anche oltre i confini politici del paese, nella sconfinata piana del Serengeti, in Tanzania. In tutto, la zona protetta comprende almeno sedicimila chilometri quadrati (1794 in Kenya, dei quali 512 con status di parco nazionale e la parte rimanente di riserva faunistica) abitati da uno sterminato numero di grandi mammiferi, uccelli, rettili e altro ancora: leoni, leopardi, ghepardi, iene, licaoni, elefanti, bufali, zebre, gnu, giraffe, antilopi, ippopotami, facoceri, struzzi, aquile, avvoltoi, serpentari, buceri, coccodrilli sono soltanto alcune delle specie di maggiori dimensioni e più facilmente visibili. I paesaggi sono solenni e, a prima vista, ancora molto simili a quelli dei tempi delle nostre origini. Gli insediamenti umani sono limitati ai centri turistici come il campo sul Mara e naturalmente ai villaggi Masai, popoli di pastori che, nella zona periferica della riserva, allevano vacche e pecore, fabbricano monili di perline colorate e offrono visite a pagamento dei loro quartieri. I problemi non mancano ma non c'è alcun dubbio che questa area rappresenti, su tutto il pianeta, una delle più straordinarie roccaforti della fauna selvatica e anche di quei paesaggi naturali intatti che gli americani indicano con il significativo termine di *wilderness*.

All'estremo opposto, prendiamo in esame il Parco naturale regionale delle Groane, a pochi chilometri da Milano, in Italia settentrionale. Si estende su un territorio prevalentemente agricolo, industriale e anche urbano e ha la forma di una stretta fascia con una lunghezza di circa 15 chilometri da nord a sud e una larghezza variabile da due chilometri e mezzo fino a soli 550 metri da est a ovest. I confini sono molto irregolari e frastagliati, dovendo necessariamente escludere i principali insediamenti urbani e industriali. Su trentaquattro chilometri quadrati di parco, solo 7,5 consistono in boschi e brughiere e sono gestiti come riserva naturale orientata. Si tratta, tuttavia, di boschi molto frammentati e anche modificati dalla introduzione di specie estranee come il pino silvestre e dalla regolare "Pulizia" del bosco praticata dai forestali per favorire la crescita delle piante di alto fusto e per non consentire la formazione di ambienti favorevoli agli incendi. I mammiferi sono rappresentati unicamente da poche volpi, faine e donnole, scoiattoli e da topi, arvicole, pipistrelli, lepri e conigli. Gli uccelli annoverano un discreto numero di piccole specie che tuttavia per la stragrande maggioranza sono bestiole che riescono a vivere bene anche nei parchi cittadini e che in effetti sono comuni anche nella vicina città di Milano. Il parco serve quindi a garantire la conservazione di piccoli frammenti di bosco di alta pianura e anche a mantenere un continuo controllo di tipo urbanistico in una zona ad alta densità di popolazione.

Nonostante che i confronti, spesso, abbiano poco senso, è quasi ovvio notare che la quantità di paesaggi intatti e di animali rari e localizzati della riserva di Masai Mara è incomparabilmente maggiore di quella del parco regionale delle Groane. Se il territorio di Masai Mara venisse gravemente alterato, per esempio se venisse interamente utilizzato per il pascolo del bestiame domestico scomparirebbe una delle più spettacolari testimonianze dei tempi in cui gli uomini non coltivavano ancora la terra e con essa scomparirebbe una considerevole parte della grande fauna dei vertebrati africani.

Se venisse perduto il parco delle Groane, gli abitanti della fascia a nord di Milano verrebbero privati della possibilità di organizzare un gradevole picnic domenicale in bicicletta, ma potrebbero essere almeno parzialmente risarciti con azioni di rimboschimento in aree agricole poco redditizie oppure con la destinazione a verde urbano di vecchie aree industriali abbandonate.

Contro il nostro confronto, si potrebbe obiettare che il territorio di Masai Mara gode, almeno in parte dello status di vero e proprio parco nazionale mentre quello delle Groane è classificato soltanto come parco naturale regionale. Infatti, secondo la definizione della IUCN (International Union for the Conservation of Nature), non si devono considerare come parchi nazionali «quelle aree abitate e sfruttate dall'uomo dove la pianificazione territoriale e i provvedimenti presi a favore del turismo hanno portato allo sviluppo di "aree ricreative" in cui l'industrializzazione e l'urbanizzazione sono controllate e l'attività ricreativa dei visitatori viene considerata più importante della conservazione degli ecosistemi». A tale definizione rispondono invece i parchi naturali regionali come appunto il parco delle Groane. Un parco nazionale è invece, secondo la IUCN, «un'area abbastanza grande dove (a) uno o più ecosistemi risultano non modificati materialmente dallo sfruttamento e dalla occupazione umana, dove le piante, gli animali, i siti di interesse geomorfologico e gli habitat sono di speciale interesse scientifico, ricreativo 0 didattico oppure contengono paesaggi naturali di grande bellezza, (b) dove la massima autorità competente del paese ha preso provvedimenti per porre fine al più presto possibile all'eventuale sfruttamento o all'occupazione del territorio e per assicurare il rispetto delle caratteristiche ecologiche, geomorfologiche ed estetiche che hanno portato alla istituzione del parco stesso, (c) dove ai visitatori è consentito di entrare, a certe condizioni, per motivi morali, didattici, culturali e ricreativi».

Si tratta dunque, dal punto di vista formale, di due categorie diverse di zone protette. Ciò ha tuttavia poca influenza pratica nella realtà dato che le zone protette di qualsiasi tipo vengono gestite grazie a risorse economiche e l'entità delle risorse economiche destinate a ciascuna di esse dipende relativamente poco dal tipo di categoria in cui esso ricade mentre dipende strettamente dalla situazione economica, sociale e culturale del paese in cui è situata un'area protetta. Pertanto, accadrà molto spesso che un piccolo e modesto parco naturale regionale situato in un paese abbastanza ricco e non troppo drogato da idee neoliberiste possa disporre per la sua gestione di somme molto superiori a quelle destinate a un grande e magnifico parco nazionale situato in un paese del Terzo Mondo.

Si potrebbe obiettare che questa situazione può anche essere spiacevole, ma che essa non ha nulla di straordinario e si colloca invece nel quadro generale dei rapporti esistenti tra i paesi sviluppati e quelli del Terzo Mondo. Ciò è senz'altro vero, ma il fatto in se stesso resta e non favorisce di certo gli eventuali tentativi di affrontare il tema dei parchi con un criterio "globale".

In Italia, i parchi naturali regionali hanno ormai raggiunto il numero di alcune centinaia e costituiscono prevalentemente uno strumento di pianificazione urbanistica. Del resto, anche negli organi di gestione amministrativa, essi assomigliano ai Consigli di quartiere delle grandi città piuttosto che a uffici tecnici destinati alla protezione della flora e della fauna: L'ente Parco Regionale consiste in un consorzio di comuni e altri enti territoriali e, di conseguenza, tutte le decisioni di largo respiro vengono prese da un Consiglio di amministrazione composto da rappresentanti dei comuni del parco e nominato con criteri strettamente politici, tra i militanti dei partiti rappresentati nelle amministrazioni locali; il personale tecnico assunto in servizio, compreso il direttore, ha compiti essenzialmente tecnici ed esecutivi.

In questa situazione, l'iniziativa è necessariamente ridotta dalla necessità di un largo consenso di persone molto diverse tra loro e non sempre particolarmente interessate ai temi riguardanti la conservazione della natura. E tuttavia, nonostante queste difficoltà, i migliori parchi naturali regionali riescono a funzionare se non altro come centri di studio e di gestione urbanistica del territorio e a poco a poco riescono a creare un minimo di cultura paesaggistica in popolazioni rurali e suburbane che spesso non avevano mai affrontato problemi di questo tipo. Uno sguardo attento agli attuali paesaggi delle campagne può servire a convincerci che questo importante ruolo dei parchi non è certo da sottovalutare: incominciando a mettere un minimo di ordine all'interno del suo territorio, un parco naturale regionale non si limita a conservare quanto ancora rimane del paesaggio agricolo e silvo-pastorale, ma soprattutto crea le premesse culturali, prima per la nascita di una coscienza urbanistica e poi per la sua evoluzione fino a coscienza naturalistica. Non è pensabile, infatti. che la gente possa apprezzare la bellezza di un bosco o di una zona umida quando è abituata a vivere in centri urbani spontanei che hanno l'aspetto di baraccopoli permanenti che esprimono non tanto le scarse possibilità economiche di coloro che li hanno costruiti quanto. la loro inesistente cultura ambientalista.

Ancora oggi, come nella originaria idea americana, l'istituzione di parchi è spesso considerata l'unico mezzo idoneo per conservare frammenti superstiti di natura in un territorio profondamente sfruttato e modificato piuttosto che uno strumento generalizzato di pianificazione urbanistica e territoriale inteso a recuperare i valori di tutto il territorio. Eppure, la teoria della biogeografia insulare ha chiaramente dimostrato che non ci sarà alcun futuro per i parchi se non si provvederà a un'opportuna gestione globale del territorio e non soltanto dei frammenti strettamente protetti. I parchi dovrebbero essere considerati come nuclei a protezione più elevata di un territorio che dovrebbe essere conservato e gestito nella sua generalità, in gradi e modi diversi, a seconda delle sue caratteristiche presenti e anche a seconda dell'uso a cui è destinata ogni sua parte.

Personalmente, mi sembra che si debbano molto apprezzare le persone che desiderano impiegare una parte delle loro vacanze visitando zone protette. Se la gente richiede zone protette e se queste non bastano per tutti, vuol dire che bisogna estenderle e vuol dire anche che bisogna tentare di offrire un prodotto diversificato ponendo molti nuovi territori sotto protezione parziale e migliorando anche la qualità dei territori ufficialmente non protetti. Se si trattasse di scuole, ospedali o impianti sportivi, nessuno penserebbe a un possibile regime di "numero chiuso", ma ci si darebbe da fare per aumentare l'offerta fino a poter coprire la domanda. E dunque, nel caso dei parchi, bisognerebbe poter disporre di una vasta gamma di "prodotti", dal giardino pubblico e dal moderno parco zoologico suburbano fino ai parchi montani a vocazione escursionistica e a quelli del tipo delle riserve integrali zoologiche o botaniche, rigorosamente protetti e accessibili solo con un permesso speciale.

Intanto, siamo giunti al termine della nostra corsa. Sulla collina di fronte al fiume dove i licaoni trascorrono la notte, sono ferme in attesa tre automobili. Le raggiungiamo e ci fermiamo anche noi con il muso dell'auto rivolto verso ovest, attendendo pazientemente che il branco faccia finalmente la sua apparizione sulla savana.
Per una decina di minuti rimaniamo tutti immobili in silenzio, ognuno incollato al suo binocolo a scrutare l'orizzonte. Poi Ropiara ha un improvviso sussulto e mormora appena, senza distogliere gli occhi dal suo strumento: «*Here they are*», sono qui, stanno arrivando.

10. LA SESTA GRANDE ESTINZIONE

I licaoni sono comparsi all'orizzonte come minuscoli punti che si muovono in una fila quasi indiana e in un sincronismo praticamente perfetto. Tutti i presenti si sono affrettati sulle auto e anche Ropiara mi ha fatto cenno di salire. Una dopo l'altra, tutte le macchine si sono mosse in direzione della pianura aperta, cercando di anticipare i cani selvatici alla loro presunta meta.

Li abbiamo raggiunti in un boschetto di acacie ai piedi della collina. Sono ventidue, pezzati di grigio scuro, bianco e fulvo ognuno diverso dall'altro, tutti muniti di una vistosa coda che termina con un gran pennello bianco.

Non sono molto grandi e sembrano proprio cani di media taglia, alti sessanta o settanta centimetri, lunghi circa un metro dalla punta del muso al posteriore e di peso probabile di una trentina di chili.

Si muovono tutti insieme a passo veloce. La loro determinazione è evidente e impressionante: è chiaro che sono usciti per andare a caccia e che sono perfettamente organizzati per farlo con pieno successo.

Si dirigono rapidamente verso la pianura aperta. dove gli erbivori sono ovunque. Gazzelle gnu, damalischi e zebre li osservano inquieti da lontano e si allontanano in ogni direzione. L'effetto è uno spettacolo straordinario: man mano che i cacciatori scendono verso il pianoro senza alberi, gli erbivori sfollano a semicerchio, lasciando quasi completamente vuota una fascia larga cento o duecento metri.

I licaoni non se ne curano affatto: continuano a trottare decisi e ignorano persino un paio di gnu rimasti indietro e, a prima vista, molto vulnerabili. Evidentemente, hanno programmi ben precisi e anche alquanto diversi da quelli che noi possiamo immaginare.

Per seguirli, Ropiara Shieni ha abbandonato la pista e ora sta conducendo l'auto su un terreno leggermente ondulato e cosparso di occasionali buche e grossi sassi su cui, a tratti, si sobbalza. Ho il cuore in gola, ma non so esprimere la mia emozione se non scattando immagini su pellicola. Dietro il mirino, lo scenario invade tutti i miei pensieri e una sola idea si agita nella mia mente mentre la macchina corre: *che ne sarà domani di tutto questo splendore?*

Ecco — potrei rispondere subito a me stesso — ecco una tipica sensazione soggettiva e antropocentrica. Io mi preoccupo di questa savana, di questi terribili e magnifici cani selvatici, dei branchi senza fine delle loro possibili prede e di tutti gli altri animali che vivono in questo mare di erba, semplicemente perché tutto questo ha una scala di grandezza che io posso apprezzare. Chissà quante volte, nel rogo di migliaia di chilometri quadrati di foreste tropicali, sono state cancellate da questo pianeta intere comunità di animali apparentemente irrilevanti per me, ciascuno non più lungo di pochi millimetri, ma di forme meravigliose e di abitudini di grande interesse. Ogni anno, dalla Terra scompaiono migliaia di specie delle quali, a quanto pare, solo una piccolissima minoranza ha compiuto il suo inevitabile ciclo naturale e va incontro a una morte per vecchiezza (cioè, per impossibilità di. adattarsi a nuove condizioni ambientali che si determinano per cause naturali), mentre le altre avrebbero potuto durare ancora milioni di anni e magari anche lasciare una discendenza di nuove specie se noi uomini non avessimo irreparabilmente distrutto il loro ambiente rendendo impossibile la loro sopravvivenza.
Questa è la situazione attuale: a causa dell'impatto umano sull'ambiente, in questi ultimi secoli, il tasso naturale di estinzione delle specie è aumentato forse addirittura di diecimila volte e questa nostra era è divenuta testimone di un silenzioso, immane disastro, paragonabile soltanto a quello che avvenne settanta milioni di anni fa, alla fine dell'era secondaria: fu allora che, con i dinosauri e con le ammoniti, scomparvero per sempre dal 60 all'80% di tutte le specie di animali viventi.

Ci si può chiedere: quante siano le specie di organismi che vivono oggi sulla Terra e quante quelle che vi hanno vissuto nel passato. Non abbiamo dati molto precisi, ma ciò che è noto ci fornisce già una buona idea: finora, sono state descritte circa un milione e 700 mila specie viventi e si ritiene che quelle estinte siano diverse centinaia di milioni. Tra le specie viventi, ne sono note 750 mila di insetti, 250 mila di piante e 47 mila di vertebrati. È molto probabile, tuttavia, che tra gli organismi più piccoli e meno vistosi, ve ne sia un numero enorme tuttora ignoto e che pertanto il numero complessivo di specie possa addirittura essere superiore ai cinque milioni. Secondo Terry Erwin, del Museo di Storia Naturale di Washington, è anzi probabile che il numero sia addirittura prossimo ai trenta milioni. Erwin ha recentemente effettuato una raccolta di insetti in una piccola zona di foresta amazzonica in territorio peruviano e ha trovato, tra le altre, un numero talmente elevato di nuove specie da poter formulare la sua ipotesi impostando un semplice calcolo basato sul concetto di proporzione.

Quale che sia il numero delle specie viventi, è possibile e anzi è probabile che un'elevata percentuale di esse sia destinata a scomparire nei prossimi anni. La massima parte di questo autentico disastro è legata alla distruzione in atto delle foreste tropicali: pur ricoprendo soltanto il 6% della superficie terrestre, le foreste tropicali ospitano infatti almeno il 50% di tutte le specie di organismi che popolano il nostro pianeta, in modo particolare piante a fiore e insetti.

Di fronte a questi numeri impressionanti, l'estinzione avvenuta negli ultimi 300 anni di circa 200 specie di uccelli e mammiferi può anche apparire un fenomeno di proporzioni relativamente piccole. Tuttavia, io credo che noi abbiamo ragione di lamentarcene di più rispetto all'estinzione delle specie di piccola taglia. Infatti, il modesto numero di animali di taglia paragonabile alla nostra contribuisce più di ogni altro gruppo a formare il paesaggio della biosfera che noi possiamo percepire. È logico che noi ci preoccupiamo di più di ciò che ci emoziona e che interessa direttamente i nostri sensi.

Recentemente, alcuni filosofi e biologi che si occupano di conservazione della natura si sono anche chiesti se l'uomo abbia il diritto morale di distruggere in modo tanto rapido e tanto assurdo la vita che si è faticosamente evoluta sul nostro pianeta, Il botanico J. Heslop Harrison ha scritto nel 1976: «Abbiamo un dovere morale di conservare per la posterità una frazione ragionevole della ricchezza e della diversità del regno Vegetale, così come lo abbiamo ricevuto in eredità». Il biologo O.H. Frankel ritiene addirittura che fermare l'evoluzione (cioè provocare l'estinzione delle specie [n.d.r.]) sia un'iniziativa arrogante se non addirittura fatale per l'uomo» e che i biologi abbiano una speciale responsabilità a questo riguardo: «Non possiamo più pretendere di essere innocenti sostenendo che noi stessi siamo un prodotto dell'evoluzione. Siamo ancora soggetti a processi evolutivi, ma ne siamo anche importanti operatori. *Non* siamo l'equivalente di un'era glaciale o di un aumento di livello del mare. Siamo capaci di previsione e di controllo, abbiamo acquisito una responsabilità evolutiva».

Ora, non vorrei essere frainteso nei miei intendimenti, ma i pronunciamenti del tipo di quelli qui sopra riportati mi suscitano un notevole senso di disagio. Il fatto è che i doveri morali sono qualcosa che interessa i singoli individui mentre l'effetto delle azioni umane è il prodotto dell'azione collettiva dell'umanità che, molto evidentemente, non è affatto la somma di sette miliardi di singoli individui ma rappresenta qualcosa di radicalmente diverso, a causa delle proprietà emergenti che insorgono quando si passa da un livello all'altro. C'è inoltre da dire che, anche a livello individuale, i nostri doveri morali derivano la loro origine in diverse realtà concrete o magari in costruzioni di tipo metafisico. Per chi ha una religione, è evidente che essi derivano da un comandamento divino. Non mi sembra, tuttavia, che l'eventuale ricorso a una religione nuova o tradizionale possa rappresentare una strada praticabile per convincere la gente dell'importanza di conservare la natura. Non tutti accettano per buono il concetto di fede e, anche tra quelli che lo accettano, non molti sono disposti a riconoscere diritto di cittadinanza, nelle religioni occidentali, a questo tipo di norme etiche non tradizionali.

Forse, però, quando Frankel parla di morale si riferisce a un tipo di precetto essenzialmente di origine umana e laica. Se è così, è necessario che questo precetto, per potere essere efficace a livello collettivo, sia sanzionato solennemente in forma di legge. Non è possibile, infatti, che esista un dovere umano che non derivi o da una legge formale o almeno da un patto informale tra due o più esseri umani. Per esempio, è mio dovere di scrittore consegnare alla data stabilita un manoscritto per il quale io abbia firmato un contratto, ed è mio dovere di farlo anche se tra me e l'editore non è stata pattuita alcuna multa in caso. di inadempienza. Non ho stretto, però, nessun patto con i ghepardi e con i rinoceronti promettendo che avrei profuso il meglio delle mie energie per evitare la loro estinzione. Evidentemente, non sarei stato in grado di farlo neppure se lo avessi voluto e pertanto, nell'attuale situazione giuridica internazionale, se io mi batto per i ghepardi e per i rinoceronti. lo faccio con la stessa gratuità e con la stessa generosità di una persona che ritenga di salvare le anime dei peccatori prendendo gli ordini monastici.

Si potrebbe obiettare, tuttavia, che una cosa è decidere di non dedicare tutta la propria vita all'ideale della salvezza di alcune specie, un'altra cosa è non curarsi affatto di provocarne l'estinzione. Poiché l'estinzione delle specie oggi è generalmente considerata un evento indesiderabile, si potrebbe sostenere che esiste di fatto almeno un patto informale umano che ci impone di cooperare per evitarla
Posso anche essere d'accordo su questo punto, purché non. si confonda il livello di cooperazione che può essere garantito dal singolo con quello che può essere garantito dalla collettività. Infatti, per quanto ognuno di noi sia capace di predizione e di controllo sui risultati finali delle sue azioni individuali, soltanto la comunità nel suo insieme può essere capace di questo quando le azioni sono collettive e pertanto soltanto la comunità (cioè, i suoi rappresentanti ufficiali) può essere ritenuta storicamente e anche moralmente responsabile, beninteso non ogni singolo cittadino perché le responsabilità di chi governa le comunità sono e restano individuali.
Per esempio, se io volessi proteggere una città qualsiasi dall'eventualità di venire sommersa da tonnellate di rifiuti, dovrei evitare che vi si svolgano concerti rock alla moda che possono attirare centinaia di migliaia di persone in uno spazio ristretto. La singola persona che getta per terra un involucro di plastica o una lattina di alluminio dopo aver trovato tutti i portarifiuti pieni fino all'orlo può anche essere accusata di scarsa educazione ma non può essere additata al pubblico disprezzo come responsabile del tracollo igienico cittadino. I responsabili sono evidentemente i pubblici amministratori che non hanno previsto le opportune norme da emanare per la salvaguardia della città.

Allo stesso modo, se la legge consente a chiunque di usare l'automobile nel centro di una grande città, una persona che lo facesse, introducendo nell'atmosfera la sua inevitabile dose di gas di scarico, non potrebbe certamente essere considerata responsabile in prima persona dell'inquinamento atmosferico. In tal caso, infatti, il degrado ambientale sarebbe causato globalmente da tutti coloro che usano l'auto e la responsabilità sarebbe ugualmente suddivisa tra di essi e tra tutti coloro che ne tollerano le azioni. In conclusione, se la legge non fornisce precise norme restrittive, la responsabilità dei singoli non può certamente estendersi ai risultati collettivi delle loro azioni.

In definitiva, poiché la responsabilità morale non può mai essere attribuita genericamente al popolo ma è essenzialmente un fatto individuale, il tentativo di trasformare in etica ciò che non si riesce a imporre come legge appare fuorviante e ridicolo: gli inquinamenti non cesseranno se non vi saranno leggi più rigorose se, accompagnate da relative sanzioni; la foresta andrà ancora in fumo se qualcuno potrà guadagnare impunemente dandola alle fiamme. Mi tornano alla mente le parole profondamente sagge di James Lovelock: «Non vi possono essere né precetti né regole preconfezionate per vivere con Gaia. Per ciascuna delle nostre azioni vi sono soltanto conseguenze».

Ci conviene, dunque, abbandonare del tutto l'idea di una nuova morale che ci imponga — non si sa bene su quali basi - di fungere da custodi degli ambienti naturali della Terra. Una tale attribuzione di responsabilità a ciascun individuo della nostra specie ha anche uno strano sapore di antropocentrismo in edizione rinnovata, un modo di pensare che evidentemente non può più avere nessun valore oggettivo in un mondo copernicano e galileiano.

Molto più logico e, a mio parere, anche molto più utile è ritenere che la conservazione della natura non sia un nostro dovere morale astratto ma piuttosto un nostro interesse di prima grandezza e pertanto anche un dovere sociale e politico delle società civili che la debbono garantire per mezzo di una adeguata legislazione. Infatti, è difficile negare che oggi la qualità della nostra vita sulla Terra e anche la nostra stessa possibilità di essere effettivamente "liberi" sono direttamente proporzionali alla qualità dell'ambiente e anche all'estensione e alla varietà degli ambienti naturali che ancora esistono sul pianeta.

La lenta avanzata degli uomini sulla superficie terrestre ha lasciato dietro di sé un numero non trascurabile di specie estinte. Le più antiche furono i grandi animali oggetto di caccia: mammut in Eurasia, mastodonti in America del nord, megateri in quella del sud già diecimila anni fa; poi, in tempi più recenti (tra il quattordicesimo e il diciassettesimo secolo dell'era volgare), i giganteschi moa della Nuova Zelanda (uccelli alti circa tre metri, simili agli attuali emù), che venivano cacciati dalle popolazioni polinesiane Maori; poi ancora, nel diciassettesimo secolo, il dodo dell'isola di Mauritius (un singolare uccello grande come un tacchino e del tutto incapace di volare che venne sterminato dai marinai olandesi) e l'uro europeo, progenitore dei bovini domestici, i cui ultimi esemplari vennero insidiati dai bracconieri nei lembi residui di foresta dell'Europa centrale. Seguì, nel 1768, la ritina di Steller, un gigantesco mammifero marino erbivoro (raggiungeva una lunghezza di otto metri e un peso di quattro tonnellate) che era stato scoperto appena venticinque anni prima lungo le coste della penisola Kamchatka e che venne rapidamente sterminato dai marinai russi. Nel 1844 fu la volta dell'alca impenne, un grande uccello marino simile a un pinguino e incapace di volare che era stato cacciato fin dal neolitico dalle popolazioni del nord. Le ultime colonie furono sterminate dai marinai islandesi e norvegesi a partire dal sedicesimo secolo. All'inizio del ventesimo secolo si erano anche estinte una quindicina di specie di Rallidi endemiche di piccole isole, altrettante di pappagalli, un discreto numero di altre specie di piccioni e di uccelli canori, una decina di specie di marsupiali tra cui il famoso tilacino o lupo marsupiale e altri vertebrati ancora (naturalmente, nessuno può dire nulla sulla sorte degli invertebrati di cui, ancora oggi, si conosce soltanto una minoranza di specie).

Due delle vittime più illustri furono il parrocchetto della Carolina e la colomba migratrice, entrambi indigeni dell'America settentrionale ed entrambi legati ad ambienti boschivi. Il parrocchetto della Carolina, il cui ultimo esemplare morì nel 1914 nello zoo di Cincinnati, era ampiamente diffuso nella parte meridionale degli Stati Uniti e contava in origine perlomeno molte migliaia di esemplari. Venne perseguitato ostinatamente poiché si nutriva di frutta e di sementi e probabilmente venne anche gravemente danneggiato dalla deforestazione che lo privava di alberi idonei per la nidificazione. La colomba migratrice, anch'essa estinta nel 1914, era addirittura l'uccello più abbondante del Nordamerica e, secondo gli osservatori del tempo, la sua popolazione annoverava molte centinaia di milioni di individui. I massacri perpetrati a carico di questa specie furono di enormi proporzioni, ma il loro risultato finale resta ugualmente sbalorditivo. «All'epoca del passo» scrive il naturalista francese Jean Dorst «migliaia di cacciatori attendevano gli uccelli e decimavano gli stormi sparando a casaccio e abbattendo, a ogni colpo di fucile, un gran numero di individui che poi non si davano neppure la pena di raccogliere poiché il "divertimento" consisteva solo nel colpire il bersaglio. Inoltre, verso la fine dell'epoca della cova, quando i giovani erano grassi ma ancora incapaci di librarsi in volo, venivano organizzate vere e proprie spedizioni di raccolta che ci sono state accuratamente descritte dai contemporanei. Si arrivava persino a tagliare gli alberi. sui quali le povere colombe nidificavano per impadronirsi dei nidi che non era possibile raggiungere con pertiche e bastoni.»

Molti altri uccelli e mammiferi, alcuni dei quali di straordinario interesse e di grande fascino, hanno sfiorato l'estinzione nel corso dell'ultimo paio di secoli e sono stati salvati — almeno per il momento — da un'azione tempestiva di un manipolo di naturalisti appassionati.

Il caso forse più famoso è quello del bisonte americano, che, fino ai primi decenni del diciannovesimo secolo, contava una popolazione complessiva di circa 75 milioni di esemplari, davvero straordinaria per un animale che può raggiungere un peso di tredici quintali. A partire dal 1830, lo sterminio organizzato del bisonte americano divenne parte integrante del programma di conquista e di colonizzazione dell'Ovest. La presenza delle grandi mandrie dei bisonti era evidentemente incompatibile con una prospettiva di trasformazione agricola, era fastidiosa per il traffico ferroviario e infine costituiva la principale fonte di alimentazione delle popolazioni indigene, anch'esse esplicitamente considerate come una fastidiosa presenza da eliminare. La caccia al bisonte divenne pertanto uno "sport" con vere e proprie "gare" (il famoso Buffalo Bill riusciva a ucciderne anche 250 esemplari in un solo giorno), praticato persino dai normali viaggiatori che sparavano dai finestrini dei vagoni ferroviari. I mucchi dei bisonti imputriditi divennero uno spettacolo comune lungo le rotaie.

«Durante una caccia organizzata nel 1872-73» scrive ancora Jean Dorst «furono uccisi nel solo stato del Kansas non meno di duecentomila capi; e si può calcolare che, tra il 1870 e il 1875, venissero abbattuti annualmente due milioni e mezzo di individui. Le ossa venivano recuperate, dopo un certo tempo, per essere utilizzate, bruciate e polverizzate, come concime. Compagnie specializzate si incaricavano di raccoglierle e di trasportarle in prossimità delle linee ferroviarie. Dagli archivi di alcune di queste imprese si possono ricavare i dati per giudicare la vastità del massacro, poiché in alcuni casi si specifica che i cumuli di ossa ammassati ai bordi della ferrovia per essere caricati sui vagoni, provenivano da ventimila scheletri. «La ferrovia di Santa Fé trasportò, tra il 1872 e il 1874, un carico complessivo di 5000 tonnellate di ossa di bisonte. Non c'è quindi da meravigliarsi se, verso il 1868, i bisonti erano praticamente scomparsi dal sud-ovest degli Stati Uniti.»
All'inizio del ventesimo secolo, i bisonti americani erano ormai ridotti a poche decine di esemplari. Furono salvati dall'intervento di un gruppetto di naturalisti che riuscì a ottenere che il Congresso degli Stati Uniti stanziasse una somma di cinquantamila dollari per proteggere l'ultimo branco nel parco nazionale dello Yellowstone. Oggi ne sopravvivono alcune migliaia di esemplari in vari parchi nazionali.

La seconda specie di bisonte che giunse vicinissima all'estinzione fu quella europea. Tipico delle fitte foreste di pianura e di montagna, dalla Germania all'Ucraina e al Caucaso, il bisonte europeo fu numeroso prima dell'ultima glaciazione ma era già in netto declino ai tempi dell'impero romano. All'inizio del secolo ventesimo, era ormai confinato nella foresta di Bialowieza, tra Polonia e Bielorussia e, nonostante la stretta protezione di cui godeva, era ormai ridotto a soli duecento capi. Bastarono la prima guerra mondiale e la rivoluzione russa per provocarne la totale scomparsa dopo che la foresta venne attraversata da truppe affamate. Fortunatamente, un piccolo nucleo di bisonti poté essere ricostituito con esemplari provenienti da vari zoo. Per alcuni anni, questi animali vennero fatti riprodurre in cattività, poi furono rilasciati sia in territorio polacco, sia in territorio ucraino. Oggi le mandrie sono molto aumentate di numero e contano forse un migliaio di capi.

Se ci si sofferma a riflettere sulla storia delle due specie di bisonti, ci si accorge che, prima dell'impatto della caccia distruttiva o del bracconaggio, le loro rispettive popolazioni erano già di entità molto diversa: in America, grazie alla presenza di grandi praterie e grazie a una densità di popolazione umana molto bassa, i bisonti avevano mantenuto intatte le grandi mandrie dei tempi glaciali; in Europa, invece, la fitta copertura forestale e la presenza assai più fitta degli uomini non avevano consentito una tale esplosione demografica. In Europa, perciò, il bisonte subì un lento e graduale processo di declino mentre in America esso fu oggetto di un feroce massacro nello stesso momento in cui il suo habitat naturale veniva distrutto su larga scala.
Sarebbe falso sostenere che i bisonti americani non siano stati massacrati da cacciatori sanguinari, ma sarebbe ingenuo pensare che a questi esecutori materiali, a questi semplici killer, debba essere attribuita la responsabilità storica del quasi completo sterminio dei grandi bovidi. Lo sterminio dei bisonti era già stato implicitamente decretato quando si decise di conquistare l'Ovest e di utilizzarlo per l'agricoltura. Premendo il grilletto, i cacciatori eseguivano semplicemente una sentenza sulla quale tutti i coloni concordavano e che comprendeva non soltanto i bisonti ma tutta l'antica comunità di organismi viventi delle foreste e delle grandi praterie dell'Ovest, compresi gli uomini indigeni: per loro, semplicemente, si riteneva che non vi fosse più spazio nel territorio degli Stati Uniti d'America.

Oggi, una situazione analoga a quella dei bisonti si sta verificando per gli elefanti e i rinoceronti in Asia e in Africa. Come e più dell'Europa, l'Asia è un continente sovrappopolato di uomini e i grandi animali vi sono diminuiti di numero già da molto tempo. L'Africa, invece, è rimasta per molto tempo poco popolata per vari motivi storici (basti ricordare le catture e le deportazioni in massa che venivano organizzate dai mercanti di schiavi) e soltanto negli ultimi decenni ha subito l'esperienza di una vera e propria esplosione demografica. Da molto tempo, le piccole popolazioni di elefanti asiatici che ancora vivono allo stato selvatico nelle residue foreste tropicali indiane e indocinesi sono ridotte, in tutto, a qualche migliaio di esemplari mentre le tre specie di rinoceronti asiatici sono considerate addirittura in pericolo di estinzione, con effettivi ridottissimi: poco più di 1500 esemplari il rinoceronte unicorno dell'India, meno di 500 quello di Sumatra e circa 60 quello di Giava. Da tempo immemorabile, gli elefanti asiatici sono tenuti anche allo stato domestico, ma questa circostanza non li ha salvati da un progressivo declino: erano diffusi e anche mantenuti allo stato domestico in Mesopotamia donde sparirono insieme con la civiltà assiro-babilonese ed erano forse asiatici anche gli elefanti di Annibale, scomparsi insieme con la città di Cartagine. In tempi preistorici, l'elefante asiatico era dunque diffuso su un areale molto più vasto di quello attuale e fu costretto a ritirarsi sempre più verso sud-est man mano che l'uomo avanzava con lo sfruttamento agricolo delle terre. A sottrarre la specie alla totale distruzione contribuì certamente il suo valore economico come animale da trasporto e da lavoro, circostanza che non si è verificata per i rinoceronti che infatti si trovano in una situazione molto più drammatica di quella degli elefanti. Oggi, tuttavia, l'uso tradizionale degli elefanti asiatici per il lavoro è in netto declino e l'unica speranza per il loro mantenimento a un discreto livello demografico è il nuovo uso che si tende a farne per il turismo nei parchi.

In Africa, fino al 1981, esistevano ancora un milione e trecentomila elefanti africani (che, a differenza di quelli asiatici, non sono mai stati addomesticati) e 15-20 mila rinoceronti di due diverse specie (neri e bianchi). Tutti i rinoceronti, in Asia e in Africa, sono minacciati da un intenso bracconaggio per il loro corno che, senza alcun fondamento di verità, viene ritenuto un potente afrodisiaco dalla medicina cinese; degli elefanti è invece molto richiesto l'avorio, un po' in tutti i mercati del mondo.

In pochi anni, l'intenso bracconaggio condotto nel continente nero ha ridotto gli elefanti africani del 50% (ne sono stati contati 700 mila nel 1987) e i rinoceronti neri in misura ancora più tragica: dai 65 mila nel 1970 si passò a 15 mila nel 1980 e a 4000 nel 1988; in Kenya, dai 1500 esemplari del 1980 si è scesi a 550 nel 1984 e a 380 nel 1986. Oggi, probabilmente a causa dei "tagli" alla ricerca, di moda nell'attuale gestione economica finanz-capitalista, non vi sono più censimenti globali affidabili. Tuttavia, i dati parziali raccolti in alcuni paesi africani non sono certamente incoraggianti per i rinoceronti. Vero è che molti viaggiatori che percorrono in lungo e largo per diversi giorni importanti aree protette come la riserva di Masai Mara, se ne tornano in Europa senza averne mai incontrato uno. Secondo l'ultimo censimento effettuato nel parco Kruger (Sudafrica), nel 2013, la popolazione dei rinoceronti era stimata tra gli 8.400 e i 9.600 individui. Sul continente ne rimaneva un numero imprecisato ma secondo gli esperti l'80% di questi si trovava proprio in Sudafrica, dove tuttavia, in questi ultimi anni, è iniziata un'attività di bracconaggio prima sconosciuta che ha provocato la perdita di oltre mille individui all'anno. Numeri impressionanti che rendono la tutela di questi animali quanto mai urgente, e fanno pensare che spostarli sia probabilmente la decisione migliore. A partire dal gennaio 2015, l'obiettivo di *Rhinos Without Borders* è quello di ricollocare centinaia di animali dal Sudafrica al Botswana. Trasportare un rinoceronte, che può pesare oltre tre tonnellate, è un'impresa non solo costosa (in questo caso si parla di 45.000 dollari per animale) ma impegnativa dal punto di vista logistico. Spostarne anche solo un centinaio resta nonostante tutto una strategia necessaria per aiutare una specie che potrebbe andare completamente perduta nel giro di cinque o sei anni se il bracconaggio non dovesse diminuire, possibilità remota in una situazione in cui il mercato della polvere di corno è più fiorente che mai, con prezzi che superano addirittura quelli del platino. Purtroppo, nell'ultimo quarto di secolo (1990-2015), la popolazione umana in Africa è passata da 600 a circa 1100 milioni di abitanti e la colonizzazione agricola di terre "improduttive" è stata incessante. In teoria, lo spazio per ospitare un certo numero di elefanti e rinoceronti ci sarebbe ancora ma è pur vero che il futuro è sempre più incerto e già il presente è molto più difficile del passato. L'unico modo per fermare il declino degli elefanti e dei rinoceronti in Africa dovrebbe essere quello di realizzare una decisa frenata demografica e una rapida crescita economica in tutto il continente. Oggi, per le famiglie africane, con 8-10 figli e un reddito di poche centinaia di dollari all'anno, i grandi parchi costituiscono un lusso che non ci si può permettere e che, in pratica, i governi si permettono quasi solo sulla carta.

Uno dei casi più estremi è quello del Congo, paese ricco di risorse naturali ma in continua guerra che ha visto la sua popolazione di elefanti ridotta del 95% (da centomila a cinquemila individui) nell'ultimo mezzo secolo. Secondo il WWF internazionale, il bracconaggio è praticato in larga misura da organizzazioni terroristiche che si finanziano anche con la vendita dei relativi prodotti.

D'altronde, come ci si può stupire che 1100 milioni di africani non riescano a convivere con una popolazione di elefanti tuttora imprecisata ma probabilmente non inferiore a centomila individui quando, ancor oggi, nei paesi più sviluppati del mondo, non si riesce neppure a convivere con poche decine di alcuni animali di taglia non superiore a quella di un tacchino?

Tra i molti casi esistenti, ne ricorderò un paio che mi sembrano particolarmente emblematici: quello del condor della California e quello del pappagallo notturno o kakapo della Nuova Zelanda.

Il condor della California è il maggiore uccello del Nordamerica: in origine, la sua area di diffusione si estendeva dalla Columbia britannica fino alla Bassa California, attraverso il Nevada, il Texas e il nord del Messico. Tuttavia, fin dai primi anni della conquista dell'Ovest, i condor incominciarono subito a rimanere vittime del piombo dei pionieri e anche della stricnina che veniva introdotta nelle carcasse di pecore o cervi per combattere i lupi e i coyote (vale la pena ricordare che un analogo sistema di lotta contro le volpi causò l'estinzione degli avvoltoi grifoni in Sicilia negli anni '50). Inoltre, quasi tutti gli erbivori, le cui carcasse costituivano il cibo naturale dei condor, vennero sterminati in una vasta area e i grandi uccelli divennero sempre più rari finché non si arroccarono in un ultimo rifugio, sulle montagne della California. Qui venne istituita una piccola riserva (35 chilometri quadrati circa), nella speranza che i cinquanta condor superstiti nel 1960 riuscissero, ormai in extremis, ad aumentare di numero e a ricolonizzare nuove zone. Purtroppo, però, le speranze andarono deluse e il declino dei condor continuò inesorabilmente finché, nel 1986, tra le polemiche di alcuni gruppetti di protezionisti che potremmo definire oltranzisti, i tre ultimi superstiti rimasti ancora in libertà furono tutti catturati per essere messi al sicuro in un centro di riproduzione in cattività insieme con gli altri 24 esemplari che già vi si trovavano per vari motivi. Il programma ha avuto pieno successo e attualmente la popolazione di questa specie-simbolo ha raggiunto i 500 individui dei quali almeno la metà ritornati in natura.

Il caso della seconda specie, il pappagallo notturno o kakapo della Nuova Zelanda, è soltanto in apparenza molto diverso. Questo uccello, di cui un quarto di secolo fa non rimanevano più di 50-60 esemplari (una decina nel distretto di Milford dell'isola Sud e altri 40-50 nell'isola di Stewart), presenta un interesse enorme per il suo singolarissimo sistema riproduttivo che differisce nettamente da quello di tutti gli altri membri della sua famiglia. Mentre, infatti, tutti gli altri pappagalli sono monogami e formano una coppia fissa che collabora all'allevamento della prole, il kakapo pratica un sistema di poliginia da dominanza del maschio analogo a quello dei galli forcelli e cedroni delle nostre Alpi. I maschi si stabiliscono su "arene di canto", vi delimitano un loro territorio e cercano di attirarvi molte femmine e tenere lontani gli altri maschi facendosi chiaramente sentire in un singolare canto rimbombante. In piena notte, le femmine visitano le arene e si accoppiano con i maschi dominanti; poi se ne vanno e provvedono da sole alla costruzione del nido, l'incubazione delle uova e l'allevamento dei pulcini.

Le ragioni del declino dei kakapo sono da ricercare nella predazione dei mustelidi introdotti dall'Europa (questi pappagalli non sono in grado di volare) e nell'interferenza dei cervi, pure introdotti dall'Europa, che sconvolgono le loro delicate e complesse arene di canto. Ancora una volta, quindi, il declino di una specie è dovuto all'interferenza umana e, in definitiva, al degrado dell'originario habitat. Per fortuna, il Servizio Faunistico della Nuova Zelanda (New Zealand Wildlife Service) che si occupa del progetto è uno degli enti più competenti del mondo in questo tipo di operazioni e il risultato del lavoro svolto finora si può riassumere in una popolazione attuale di circa 200 individui.

Il caso del kakapo ci induce anche a una importante riflessione: ogni specie è dotata di certe caratteristiche genetiche, alcune comuni ad altre specie viventi e alcune altre esclusive. Quanto più numerose sono queste caratteristiche esclusive e quanto più insolito e più diverso da quello delle altre specie è l'aspetto e il comportamento dell'organismo che ne risulta, tanto più grave dal punto di vista genetico e anche dal punto di vista della cultura umana è la sua eventuale estinzione. La scomparsa del kakapo, unico pappagallo poligamo, notturno e inetto al volo, sarebbe molto più grave di quella di un uccello come il parrocchetto dell'isola di Mauritius, che è piuttosto simile a un'altra specie molto diffusa, il parrocchetto dal collare indiano.

E infine, un'osservazione che è quasi d'obbligo: talvolta si dice che l'uomo dovrebbe sforzarsi di conservare le altre specie per salvare il sistema complessivo di relazioni ecologiche nel quale egli è inserito e senza il quale non potrebbe sopravvivere. Possiamo accettare come vera questa asserzione? A mio parere, se ci riferiamo ai microorganismi e alle piante, possiamo senz'altro. Che cosa potremmo fare senza i batteri fissatori dell'azoto? Cosa mangeremmo se, improvvisamente, scomparissero il grano e il riso? Come ce la caveremmo senza la produzione dell'ossigeno da parte delle piante verdi? Quando, però, si passa a considerare gli animali e soprattutto gli animali di taglia notevole come ì vertebrati, si trova che le cose stanno generalmente in modo diverso. In linea di massima, gli animali sono sfruttatori facoltativi del sistema e di essi si può fare benissimo a meno, magari con qualche opportuno aggiustamento. Una savana alberata senza elefanti non andrà a male per questa assenza, anzi apparirà più lussureggiante; un bosco di latifoglie senza cinghiali avrà anche più funghi, più animaletti e più bacche, un oceano senza balene avrà più gamberetti e piccoli crostacei sfruttabili per produrre "surimi". In generale, la rimozione di una specie di grande taglia e relativamente poco numerosa costituirà una grave perdita estetica e culturale ma non un motivo di grave sconvolgimento per l'ecosistema che troverà facilmente un nuovo assetto con qualche variazione demografica di altre specie che avevano relazioni di vario genere con quella scomparsa. Molto più importanti, per l'equilibrio degli ecosistemi, sono proprio le piccole specie invisibili o visibili a stento delle quali, generalmente, nessuno si preoccupa. Non dobbiamo sostenere, perciò, che vogliamo conservare i licaoni, le zebre e le gazzelle per sopravvivere. Sarebbe falso. Possiamo dire benissimo che vogliamo farlo perché sono belli e interessanti e perché suscitano la nostra ammirazione e il nostro interesse. A mio parere, è un motivo più che sufficiente.

I licaoni debbono avere individuato una preda. Sono scattati ventre a terra e ora stanno correndo come levrieri. Hanno preso di mira uno gnu che era rimasto indietro e che ora arranca a balzi e a scarti e perde terreno. Di colpo, l'inseguito piega a destra e subito, dalla retroguardia del branco degli inseguitori, si stacca un esemplare più deciso che cambia direzione e taglia il percorso a zig zag, tentando di intercettare quasi lateralmente la preda designata. Il tentativo, però, non riesce perché, improvvisamente, una delle auto del nostro gruppo si spinge prepotentemente avanti e piomba tra inseguito e inseguitori con un fotografo paonazzo, proteso fuori dal finestrino in corsa che tenta evidentemente di scattare qualche immagine fuori dal comune.
È un attimo: lo gnu scarta dall'altra parte e i licaoni, impediti dall'auto nel loro slancio, si lasciano andare come un atleta che ha raggiunto il traguardo e a poco a poco si fermano. In pochi secondi, lo gnu che pareva perduto si è messo al sicuro e il branco è rimasto a bocca asciutta.
Prima che io riesca a esprimere il mio disappunto nei confronti di quella grossolana interferenza, Ropiara si gira ed esclama: «Look there!».
A qualche centinaio di metri da noi, su un tratto di terreno dove siamo già passati, emerge dalla polvere un gruppetto di licaoni disposti a cerchio con le code bianche sollevate in aria come bandiere. Debbono essersi staccati dalla retroguardia del branco e dal corteo delle auto senza farsi notare e ora hanno concluso con successo la loro caccia su un'altra preda.

11. ANIMALISMO

La preda è una gazzella o meglio lo era. Quando giungiamo sul posto, dopo qualche decina di secondi, è già stata sventrata e in parte svuotata. La testa è ancora intatta, con gli occhi sbarrati, la pelle è già libera e ì muscoli messi allo scoperto fremono ancora. I cani addentano e tirano in direzioni diverse, scuotendo energicamente le mascelle. A prima vista, può sembrare che si contendano le diverse parti ma, a ben guardare, è chiaro che stanno cooperando a strapparla e a farla rapidamente sparire.

In pochi minuti, sul terreno sono rimaste soltanto le corna e una parte del teschio del povero animale. *Mors tua, vita mea*, dicevano i latini. Può anche sembrare una frase retorica, ma è la verità. Gli antichi non riuscivano a capacitarsi che questo fosse davvero l'ordine naturale delle cose, che il Creatore, nella sua immensa bontà, avesse predisposto che ogni giorno venissero sbranate vive tante creature innocenti. Per darsi pace, qualcuno inventò la storia del peccato originale che aveva sconvolto un Paradiso terrestre di dolcezza e di amore. Però, esistono molti indizi che, dagli albori della vita sulla Terra, ogni organismo vivente dovette escogitare qualche sistema per procurarsi energia; ogni catena di DNA, per la sua stessa struttura chimica, ha una naturale tendenza a duplicare se stessa e, per motivi contingenti, anche a moltiplicare quel macchinario utile alla. sua sopravvivenza che viene detto organismo. Se l'organismo non sa utilizzare l'energia solare per far fronte alle proprie esigenze, allora è costretto a smontare altri organismi e altre catene di DNA per rendere disponibili le parti che li compongono.

Ogni animale, per la sua stessa natura, ha bisogno che qualcun altro muoia per poter continuare a sopravvivere. Certo, non tutti gli animali hanno bisogno di uccidere altri animali. Vi sono specie che uccidono o riducono piante o che si nutrono dei resti di animali o di piante già morti e addirittura in decomposizione. Dai tempi della comparsa della vita sulla Terra, per quanto ne sappiamo, nessun animale si è mai chiesto se avesse o meno il diritto di uccidere. Se lo avesse fatto, se avesse esitato a procurarsi le risorse necessarie, sarebbe stato immediatamente eliminato dalla selezione naturale. Oggi, nella specie umana, forte della sua tecnologia e del suo orgoglio intellettuale, si è affacciato il dubbio che tutto questo sia ancora davvero necessario. Qualcuno si è già risposto di no e ha dato vita alla cosiddetta filosofia della "liberazione animale" (una cattiva traduzione dall'inglese di *animal liberation*; meglio sarebbe tradurre "liberazione degli animali").

L'idea di base degli "animalisti" (così si autodefiniscono i fautori della "liberazione animale") è la seguente: il fatto di appartenere alla specie umana, di per se stesso, non ha alcuna rilevanza morale per la difesa dei nostri interessi. Sul nostro pianeta vi sono molti altre creature che hanno interessi da difendere e la nostra diffusa convinzione di poterli prevaricare senza particolari problemi non è altro che egoismo di specie. «Se noi affermiamo che, per avere dei diritti, si deve appartenere alla specie umana e tanto basta» scrive Peter Singer «che cosa obietteremo al razzista il quale pretende che, per avere tali diritti si deve essere, ad esempio, membro della razza Caucasica e tanto basta? D'altro canto, se siamo d'accordo che la razza, di per se stessa, non è significativa dal punto di vista morale, perché allora dovrebbe esserlo la specie?»

In questo momento, vorrei avere Peter Singer qui con noi, su questa automobile per dirgli: "Buona domanda, perché allora non la fai a questi licaoni e chiedi loro perché non lasciano in pace questi poveri erbivori?" Ho il forte sospetto che mi risponderebbe che loro sono carnivori obbligati e poi non possono capire i concetti che a noi invece sono più o meno chiari. Gli risponderei: "Davvero? Forse mi stai dicendo di ritenere di essere superiore a questi cani selvatici? Forse pensi che solo tu e solo con la tua specie, in quanto specie umana, sia dotato di una speciale consapevolezza etica che ti consente di andare al di là dei semplici rapporti ecologici?" Sinceramente, non ho idea di ciò che mi risponderebbe ma tendo a pensare che sarebbero soltanto sciocchezze.

Questo sedicente filosofo, in effetti, non si è nemmeno documentato sulle differenze esistenti tra specie, razza e popolazione. La specie è una comunità riproduttiva chiusa, comprendente tutte le varie popolazioni completamente interfeconde. Le popolazioni sono gruppi etnici particolari (cinesi, indiani, turchi, berberi etc. ma anche cardellini balcanici, siciliani, russi etc.) e io sospetto che si tratti di quelle entità che Singer chiama erroneamente razze. Le razze, invece, sono particolari selezioni artificiali di animali domestici e non di esseri umani, per esempio cane pastore tedesco, gatto soriano, gallina livornese e via dicendo. Mi pare chiaro, dunque, che il fatto che la specie e solo la specie sia una comunità riproduttiva differenzia in modo sostanziale questa categoria da tutte le altre. Fin troppo evidente, infatti, è il concetto che nei confronti di una comunità come la specie, che in pratica costituisce una vera e propria famiglia allargata, i miei obblighi sono sostanzialmente diversi di quelli che io posso avere nei confronti dei cani o dei corvi, animali che peraltro, in linea di massima, io rispetto profondamente. Non esistono, tuttavia, né cani né corvi che potenzialmente possano diventare miei partner familiari o sessuali ed è evidente che, a meno che io non sia uno squilibrato pericoloso, non potrò tenere nella stessa considerazione i miei vicini di casa e un gruppetto di topi che frequentano abusivamente la soffitta di casa mia. In realtà, le dottrine animaliste di Singer e di Regan non sarebbero mai state prese in alcuna seria considerazione se le comunità accademiche nelle quali questi due personaggi hanno vissuto nei loro paesi si fossero date la pena di controbattere in modo adeguato ai loro deliri. Nessuna filosofia può stare in piedi se non tiene conto della realtà scientifica delle cose che intende trattare e la realtà è che i rapporti all'interno delle comunità ecologiche non prevedono alcuna regola morale nei confronti di nessuno da parte di nessun altro. Queste regole sono state inventate dalla nostra specie per i rapporti all'interno delle comunità umane locali e poi via via sono state estese territorialmente a comunità umane sempre più vaste ma sono state anche poco utilizzate in pratica, fino a tempi recentissimi. L'idea di estenderle ad altre specie è decisamente bislacca in primo luogo perché non si tratterebbe mai di rapporti bilaterali ma necessariamente solo unidirezionali, magari anche di simpatia e protezione contro le eventuali crudeltà, che rientrano chiaramente nel campo delle tutele e non dei diritti, in secondo luogo perché mi pare anche offensivo nei confronti delle numerose categorie della nostra specie che non riescono ancora a fare valere seriamente i loro indiscutibili diritti, inventare presunti e inapplicabili diritti di animali a cui questi concetti non interessano punto.

Dalle sue origini fino a dieci-quindicimila anni fa, la specie umana assicurò la sua sopravvivenza e la possibilità della sua ulteriore evoluzione basandosi sulla pratica della caccia. Anche i nostri più stretti parenti, gli scimpanzé, integrano la loro dieta uccidendo piccoli animali e davvero non avrebbe alcun senso chiedersi se questo loro comportamento sia o non sia moralmente accettabile. In un ambiente povero di frutta come quello della savana, si tratta di un comportamento adattativo, cioè tale da aumentare le probabilità di sopravvivenza di chi lo pratica, punto e basta.
Più tardi, con la rivoluzione agricola del neolitico, gli esseri umani hanno incominciato a ricavare la maggior parte delle risorse delle quali avevano bisogno dall'agricoltura e dall'allevamento, con conseguenze ancora peggiori sulle popolazioni delle specie selvatiche che si ritrovarono il loro ambiente totalmente stravolto dall'attività agricola umana e il loro stile di vita divenuto impossibile a causa della competizione quotidiana con le mandrie degli animali "domestici", e cioè che gli esseri umani avevano posto al loro servizio fino al punto di controllare la loro riproduzione. In questo quadro solo apparentemente idilliaco si creano le eccedenze locali di cibo che consentono la nascita del commercio, delle città, della tecnologia e via dicendo. Ha davvero senso, a un certo punto di questo cammino, essere colti da un radicale ripensamento e incominciare a predicare la necessità di riconoscere i "diritti" degli animali sulla cui pelle noi abbiamo potuto realizzare tutto questo?
Qualcuno potrà rispondere di sì, che è sempre possibile pentirsi del proprio passato, però fatto sta che nelle condizioni attuali, con una popolazione umana di oltre sette miliardi di abitanti, non sarebbe in alcun modo possibile tornare indietro, restituire alle specie selvatiche il territorio che è stato loro sottratto, fare a meno del quotidiano sacrificio di centinaia di milioni di bovini, ovini, suini, di miliardi di polli, pesci e altri animali che ogni giorno vengono mangiati, inventare nuovi stili di vita

ricavando il nostro nutrimento esclusivamente dalle piante e non facendo mai più nascere i miliardi di esseri viventi destinati a procurarci una parte del nostro cibo quotidiano. Una tale proposta non è mai stata formulata organicamente da nessuno e ancor meno è stata analizzata a fondo nelle sue effettive implicazioni ecologiche e tecnologiche. La probabilità di un suo eventuale accoglimento da parte di una comunità umana mondiale in lotta quotidiana per assicurare cibo a un popolo in continuo aumento di poveri e poverissimi è praticamente zero e anche solo la sua discussione in una sede qualificata sarebbe giustamente considerata assurda e impraticabile. E allora, di che cosa vivono le idee animaliste? Si tratta di autentiche proposte intese a migliorare la vita degli animali selvatici e domestici? O forse interessano solo gli animali domestici? In che modo sarebbe influenzata la vita umana dal loro eventuale accoglimento? E comunque, che senso ha parlare di diritti per una categoria di esseri viventi che invece ha bisogno di tutele?

La verità è che il tema serio non è quello dei diritti bensì quello della tutela degli animali e che la dottrina sedicente filosofica dei diritti degli animali è una pura e semplice sciocchezza che da un lato non ha fornito alcun serio contributo al benessere degli animali domestici né alla conservazione di quelli selvatici, dall'altro ha creato inutili complicazioni pratiche alla vita umana.

Nonostante tutto, un animalista moderato potrebbe ancora obiettare che, a prescindere dalle concezioni pseudo-filosofiche, un po' di pietà umana nei confronti di altre creature senzienti dovrebbe suggerire di non usarle alla leggera come cibo o per altri scopi non essenziali che comportino la loro morte o loro sofferenze. Credo che si possa simpatizzare con questo punto di vista nel senso di ridurre la quantità di carne nella nostra dieta e di evitare l'uso di prodotti di origine animale non essenziali oppure ottenibili solo a prezzo di sofferenze. Qualcuno potrebbe addirittura decidere di diventare vegetariano o anche vegano (che significa astenersi anche dal latte e tutti i suoi derivati, dal miele e dalle uova), il che non influenzerebbe molto il complesso della produzione di carne nel mondo ma, in compenso, rischierebbe di provocare problemi di salute qualora il vegano *fai-da-te* non fosse seguito e consigliato da un serio dietologo. Non voglio certamente entrare nel merito delle scelte personali ma mi pare opportuno ricordare che i comportamenti individuali non possono influenzare quelli collettivi finché non si sono diffusi ampiamente. Per quanto riguarda, invece, i prodotti di lusso come le pellicce vorrei ricordare che la prima campagna contro l'uso delle pellicce fu varata molti anni fa dal World Wildlife Fund per motivi di carattere puramente conservazionista, cioè per difendere leopardi, gattopardi e linci da un irresponsabile massacro che rischiava di farli scomparire dalla faccia della Terra. Il successo fu immediato e pressoché totale: in breve tempo, quello che era stato un simbolo di distinzione e ricchezza divenne al contrario segno di insensibilità e ignoranza. Il "maculato" tramontò definitivamente e a insidiare i leopardi rimasero soltanto i maniaci della caccia grossa nei pochi paesi africani che ancora la permettevano. Il brillante successo di questa campagna, la cui connotazione era stata di tipo prettamente conservazionista nei confronti delle *specie* prese di mira, suggerì una estensione con connotazioni diverse, questa volta su animali allevati in cattività e dunque basata non tanto sulla conservazione delle specie, quanto invece sulla compassione nei confronti dei singoli animali che venivano sacrificati per un motivo giudicato futile, cioè per procurare un prodotto di lusso a persone che avevano una elevata disponibilità di danaro. Dopo i maculati, quindi, passarono rapidamente di moda anche i cincillà, i castori, i castorini, i ratti muschiati, gli agnellini persiani e altro ancora. La fine delle pellicce di "castorino", (in realtà la nutria), comportò anche un problema collaterale dato che alcuni allevatori delusi liberarono in Europa un certo numero di riproduttori ormai inutili dando inizio a una vera e propria invasione di una specie esotica semi-acquatica che oggi provoca vari inconvenienti.

Oggi, gli ultimi allevamenti che ancora resistono, sotto gli strali dei contestatori sono quelli di visoni, di volpi argentate artiche e di zibellini, questi ultimi strettamente confinati alla Russia che ha sempre mantenuto il monopolio su questa pregiatissima pelliccia rifiutando senza eccezioni di esportare animali vivi. In questa sede non voglio entrare nel merito di queste contestazioni che hanno evidentemente una loro logica. Desidero però proporre alcune riflessioni che, a mio parere, potrebbero aiutare a prendere posizioni più articolate e mature e non semplicemente seguire in modo acritico gli slogan che vengono lanciati da persone bene intenzionate ma poco inclini a pensare. In primo luogo, c'è un'evidente differenza tra una campagna di conservazione e una di benessere degli animali che contesta la futilità di un uso delle loro pellicce per la produzione di un bene di lusso che interessa poche persone con una notevole disponibilità economica. Sulla campagna di conservazione, di tipo tecnico, non c'è nulla da eccepire, su quella di benessere degli animali ci si può chiedere quali debbano essere i limiti di un intervento di tipo etico. In particolare, ci si può chiedere perché non sia accettabile allevare e uccidere animali per la loro pelliccia e invece lo sia se lo si fa per la loro carne e la loro pelle. Qui immagino che i contestatori più coerenti diranno che no, che neppure l'allevamento per la carne o la pelle è accettabile, mentre altri potranno obiettare che la carne e la pelle non sono generi di lusso come le pellicce e quindi vanno considerati in modo diverso. Inoltre, ci si potrebbe chiedere anche in modo più forte perché mai tanta gente si preoccupi delle pellicce di alcuni graziosi mammiferi ma praticamente nessuno si interessi, invece, delle pelli dei disgraziati rettili che, in qualche caso (coccodrilli) sono, almeno in parte, oggetti provenienti da allevamento, in altri casi (lucertole e serpenti) provengono invece da individui catturati in natura. Il numero di queste pelli bellamente ignorate da qualsiasi campagna è strepitoso, dato che, secondo il TRAFFIC, in soli cinque anni, tra il 2000 e il 2005, sono state importate *nella sola Unione Europea* ben 2,9 milioni di pelli di coccodrillo (non tutte, evidentemente, da allevamento), 3,4 milioni di pelli di lucertole (soprattutto varani) e ancora 3,4 milioni di pelli di serpenti. Non soltanto questi numeri fanno rabbrividire ma è anche vero che i conti della spesa non tornano affatto perché la commissione per il trattato CITES, per quanto di manica larga, non può assolutamente avere permesso una simile strage. Infatti, se andiamo a guardare le quote assegnate per l'anno 2011, troviamo numeri che, pur essendo ancora impressionanti, risultano di uno o due ordini di grandezza minori: contando solo gli animali uccisi legalmente per la pelle abbiamo 5000 coccodrilli in Botswana, 10 mila varani e 50 mila pitoni in Benin, 80 mila varani in Ciad, 20 mila caimani in Guiana, 10 mila coccodrilli in Malawi, 4500 cobra in Malaysia, 43 mila iguane in Suriname, 60 mila pitoni e 30 mila varani in Togo. Anche il paese che ha i numeri più elevati, l'Indonesia, è ben lontano dai numeri stimati dal TRAFFIC per il quinquennio in oggetto: 20 mila coccodrilli, 135 mila cobra, 200 mila pitoni, 90 mila colubri (*Ptyas*) e 426 mila varani, senza contare le 50 mila tartarughe d'acqua dolce dei generi *Amida* e *Cuora* usate per la zuppa. In questa incredibile mattanza sia legale, sia evidentemente anche illegale, la campagna contro l'uso delle pellicce di animali allevati appare decisamente a senso unico e, in un certo senso, anche ingiusta e, questa volta sì, discriminatoria e *specista* in senso fortemente antropomorfico. Ci si preoccupa della sorte degli animali caldi e pelosi anche se nati in cattività e invece non ci si preoccupa affatto della sorte di varie specie di rettili catturati e uccisi in natura, presumibilmente anche con metodi crudeli. Sono sconcertato da simili criteri che non comprendo e non condivido affatto.

Poiché la cosiddetta dottrina dei diritti degli animali vorrebbe rappresentare anche un'etica, ovviamente nuova, è anche necessario introdurre qualche riflessione sui concetti di *etica* e di *diritto*.
Si intende per etica l'indicazione di *ciò che è bene fare o è obbligatorio fare o è preferibile fare in caso di conflitto*. Evidentemente, la prima domanda che viene in mente è: è possibile un'etica non limitata alla specie umana ma estesa a tutto il mondo vivente? L'ovvia risposta è che essa è senz'altro possibile, ma solo in senso passivo. In altre parole, gli animali possono senz'altro usufruire degli eventuali benefici di un'etica che vada al di là dei confini della specie umana ma non possono a loro volta mettere in pratica una tale etica. In natura, infatti, i concetti etici sono del tutto sconosciuti e i rapporti tra le diverse specie o anche tra i diversi individui nell'ambito di ciascuna specie sono prevalentemente regolati dai vantaggi immediati o genetici offerti da un certo comportamento rispetto a tutti gli altri possibili. L'eventuale esistenza di comportamenti di apparenza etica in specie diverse da quella umana sta semplicemente a testimoniare che tali comportamenti hanno anche un valore *adattativo*, e cioè che contribuiscono alla moltiplicazione dei geni di chi li pratica. Per esempio, i genitori mettono spesso a repentaglio la propria vita per proteggere la prole, ma il risultato di tale comportamento

è appunto la conservazione di una determinata stirpe, con tutte le sue caratteristiche fisiche e comportamentali, compresi l'amore per la prole e la volontà di difenderla. Invece, un'eventuale comportamento di difesa degli individui di una specie diversa, in linea di massima potrebbe essere messo in atto soltanto a fronte di un comportamento di questa che determini una sorta di compenso di benefici. Per esempio, un paguro che porta in giro un'attinia sulla propria conchiglia riceve una protezione dai tentacoli urticanti dell'animale ma, al tempo stesso, lo avvantaggia trasferendolo rapidamente da un sito all'altro del fondale.

Mi sembra abbastanza evidente che l'attinia non abbia alcun diritto di essere portata in giro e il paguro non abbia alcun diritto di essere protetto e che tuttavia sia possibile combinare con successo due interessi. Molte combinazioni risultano possibili grazie al fatto che gli animali sono generalmente dotati di una notevole plasticità in fatto di comportamenti possibili. Infatti, gli animali non sono macchine o perlomeno non sono macchine semplici come qualche filosofo del passato credeva. Sono organismi senzienti, su questo punto tutti sono d'accordo, ma spesso sono anche organismi capaci di cognizione, cioè di rendersi conto delle situazioni e discriminare conseguentemente tra diversi comportamenti possibili in risposta a un determinato stimolo complesso.

Purtroppo, gli animalisti tendono a criticare qualsiasi interazione tra uomini e animali che abbia, secondo il loro particolarissimo punto di vista, un sapore di persecuzione o di sfruttamento: sono contrari a usare gli animali come cibo anche se, in questo campo, mostrano una gradazione di repulsione difficilmente comprensibile per le persone ragionevoli. Ogni anno, a Pasqua, mettono in atto una campagna battente contro l'uso alimentare dell'agnello mentre più particolari sono alcune altre campagne, quelle di Michela Vittoria Brambilla, contro l'uso alimentare del cavallo o del coniglio. Riguardo a quest'ultimo animale, sorprendentemente la Brambilla ha anche presentato un progetto di legge che prevede un paio di anni di prigione per chi dovesse mangiare carne di coniglio. Un tale progetto ha il merito di palesare tutta la mancanza di equilibrio nonché di senso scientifico e storico degli animalisti estremisti e di gettare almeno l'ombra del sospetto su altre idee e proposte che solo una minoranza di persone più colte può completamente valutare per quello che sono.

Facciamo un esempio concreto. La stessa Brambilla sopra citata si è fatta fotografare con una nutria in braccio per uno spot che tendeva a chiedere di non sopprimere questi roditori acquatici. Ora, per chi non lo sapesse, la nutria è un grosso roditore esotico simile a un enorme ratto, proveniente dal Sudamerica, originariamente importato per la sua pelliccia (castorino), che si è diffuso molto in varie zone d'Europa e che produce notevoli danni scavando grosse tane negli argini e anche predando i nidi di alcuni uccelli acquatici. La sua rimozione è essenziale per migliorare la situazione ecologica complessiva ma gli animalisti estremisti si oppongono, spesso anche strenuamente.

In merito agli allevamenti di animali domestici a scopo scientifico, la legislazione in atto fin dal 1992 stabilisce che gli animali debbono essere mantenuti in condizioni "compatibili con la loro etologia", altrimenti gli stessi debbono essere considerati come maltrattati. Non c'è alcun dubbio che la formulazione della legge sia troppo generica e si presti a interpretazioni sbagliate e anche capziose da parte di persone pregiudizialmente contrarie all'idea di allevare animali per utilizzarli a scopo scientifico. È ben noto, infatti, che l'etologia (cioè il complesso delle modalità dei comportamenti) di un animale è piuttosto elastica e che, a seconda dei luoghi e delle circostanze in cui si vengono a trovare, anche gli uccelli e i mammiferi si adattano a condizioni piuttosto varie e anche a modelli di vita molto diversi. Per esempio, i lupi prosperano nel rigido inverno russo ma anche sugli infuocati altopiani messicani. Insomma, gli animali assomigliano, da questo punto di vista, agli esseri umani primitivi e non a quelli che oggi vivono in città, dotati di ogni mezzo immaginabile per rendersi la vita più comoda. In generale, gli organismi viventi sono dotati di una notevole flessibilità, altrimenti non sarebbero mai potuti sopravvivere fino ai nostri tempi.

Tuttavia, è notizia ricorrente che le associazioni di animalisti estremisti riescano a ottenere sequestri di piccoli zoo, circhi, delfinari, allevamenti di cani a scopo scientifico, animali in corso di trasporto da un commerciante alla loro destinazione con pretesti ridicoli basati su una interpretazione restrittiva di una legge mal formulata e peggio interpretata, spesso da persone decise a colpire non il modo in cui gli animali vengono trattati ma in effetti il concetto stesso che vengano tenuti in cattività o, ancor peggio, che siano allevati per essere destinati a un laboratorio scientifico. Negli ultimi anni le aggressioni, sostanzialmente appoggiate dal Corpo Forestale dello Stato e da una parte della magistratura, sono divenute tanto comuni da scoraggiare assolutamente la stessa continuazione dell'esistenza di piccoli zoo, circhi, delfinari o allevamenti, non parliamo poi di quelli destinati a scopo scientifico. Spesso, con il pretesto dei maltrattamenti, gli animali vengono sequestrati e affidati ad associazioni animaliste che ricevono poi un contributo per il loro mantenimento. Superfluo precisare che a questo punto non ci sarà più nessuno a sindacare sulle condizioni in cui gli animali vengono mantenuti e che alcune associazioni ultra-animaliste oggi, grazie anche a tutto questo, godono di un bilancio plurimilionario e che quindi possono usufruire dell'opera di ottimi avvocati e di giudici fermamente convinti che le loro azioni siano altamente civili e meritorie e vadano incentivate. Difficile uscire da un simile circolo infernale quando le corrette nozioni dell'etologia vengono respinte dai giudici e quando invece le relazioni pasticciate di esperti improvvisati vengono prese per materiale degno di fare storia della giurisprudenza per la posterità.

Una delle caratteristiche meno facili da sopportare degli animalisti estremisti è la loro estrema contraddittorietà. Per difendere la vita e la libertà di alcune specie killer, non esitano a sacrificare migliaia di altri animali che da questi vengono sterminati. Così è per alcune specie indebitamente introdotte, come la nutria, lo scoiattolo grigio americano, la tartaruga americana dalle orecchie rosse e così è anche per il comune gatto che, fino al 1991, quando vagava al di fuori dell'abitato, rischiava di prendersi una fucilata da un cacciatore ma oggi non rischia più nulla e può impunemente sterminare piccoli animali (uccelli, mammiferi, rettili, anfibi) per un totale che, per la sola Italia, è stato stimato in circa cento milioni di individui all'anno. Può sembrare un numero incredibile, ma si tratta di un semplice risultato di un calcolo che si ottiene moltiplicando sette milioni e mezzo di gatti per sedici (il numero medio di loro prede in un anno, secondo uno studio inglese) e diminuendo il risultato della moltiplicazione del 15% a scopo prudenziale.

Una delle campagne più assurde e anche più irresponsabili degli animalisti estremisti è quella contro la sperimentazione sugli animali, indispensabile soprattutto per sviluppare nuove cure di malattie rare, ma spacciata per inutile e definita come "vivisezione" anche quando comporta semplicemente l'iniezione di qualche farmaco sperimentale. La lotta viene condotta sia con metodi legali, (anche se obliqui), sia illegali (si veda campagna mediatica e il saccheggio finale dell'allevamento di cani Beagle di Montichiari) e potrebbe essere definita "stupida" se invece non rendesse molto bene in termini economici a chi la conduce. In un mondo profondamente basato sulla scienza e sulla tecnologia, una situazione di questo genere potrebbe apparire assurda se non si sapesse che assai più della scienza nel mondo reale contano purtroppo immagine e propaganda e che lo svantaggio delle persone oneste e bene informate rispetto a quelle che tali non sono è di non potere usare la menzogna sistematica per portare avanti i propri interessi, sfacciatamente spacciati come ideali.

Facciamo un esempio pratico riguardante la storia recente e ben nota dell'allevamento sopra citato. Questa inizia il giorno 29 aprile 2012, quando un gruppo di una dozzina di animalisti ultras riesce a forzare un cancello e ad introdursi all'interno dell'allevamento di cani di razza Beagle Green Hill a Montichiari, provincia di Brescia. In questa intrusione vi sono diversi aspetti singolari: anzitutto il fatto che essa, sebbene oggettivamente inquadrabile come attività di tipo terroristico, sia stata ispirata da una parlamentare di un gruppo che normalmente si autodefinisce "moderato, la solita Michela Vittoria Brambilla; in secondo luogo il fatto che la Digos, generalmente capace di impedire facilmente questo tipo di inconvenienti, rimane del tutto passiva e in pratica lascia fare, tanto che gli unici arresti sono quelli poi effettuati dai carabinieri, a cose fatte; in terzo luogo il fatto più singolare di tutti, che dopo pochi mesi, le responsabilità vengono completamente ribaltate, la ditta danneggiata dall'intrusione si ritrova indagata per maltrattamenti nei confronti di animali e addirittura è costretta a subire un sequestro e un rinvio a giudizio che, prima ancora di essere giudiziario è assolutamente mediatico, e tutto ciò mentre i vandali, arrestati dai carabinieri, trascorrono in prigione soltanto un paio di giorni e poi tornano in libertà per continuare la loro attività di fiancheggiamento di movimenti ultra-animalisti, in attesa di un processo che a tutt'oggi (aprile 2015) non è ancora iniziato. Questa situazione fornisce la misura del degrado che l'Italia ha subito in tema di lotte politiche e sociali, e purtroppo non solo, come appare evidente dai fatti.

Ci si può chiedere come mai la campagna mediatica animalista sia tanto efficace nella popolazione mentre quella ambientalista che denuncia non solo continua la scomparsa di specie ma anche l'incombenza di un disastro ambientale legato al cambiamento climatico non abbia altrettanta presa. La ragione di questa diversità sta, secondo me, non tanto nella dabbenaggine del popolo quanto nel forte sostegno mediatico ricevuto dalle campagne animaliste ma non da quelle ambientaliste. Ci si deve chiedere, allora, quale sia il vantaggio offerto dalle campagne animaliste ai loro sponsor.

La risposta, a prima vista sorprendente ma, a ben pensarci, non troppo, è che le campagne animaliste, da un lato distraggono l'attenzione del grande pubblico da quelle ambientaliste, ben più impegnative dal punto di vista economico per l'industria, dall'altro promuovono il business dei cibi per cani e gatti che oggi rappresenta una fetta non piccola del mercato alimentare complessivo, negli USA addirittura il doppio del giro di affari del caffè e ben quattro volte di quello dei cibi per bambini. Si parla, per il 2014 per la sola Italia, di 870 milioni di giro di affari per i cibi per gatti, 650 milioni per i cibi per cani e poco più di 20 milioni per tutti gli altri animali (piccoli roditori, uccelli, rettili). Alcune marche di scatolette di carne per cani e gatti si sono persino prese la briga di appoggiare la campagna contro la sperimentazione sugli animali, asserendo in tal modo implicitamente che per un animale è meglio essere ucciso per produrre cibo per gatti o cani piuttosto che per migliorare le prospettive della salute umana. Ma così va la vita in questi tempi in cui la moda è tutto. Nessuno sembra pensare seriamente al problema del riscaldamento globale con tutti i disastri annessi e connessi, ancor meno a quelli delle foreste devastate, degli oranghi insidiati dalla palma da olio, dei gorilla la

153

cui sopravvivenza si gioca negli ultimi lembi di foresta tropicale in continuo declino. Tra gli animalisti, poi, sembra che nessuno pensi agli allevamenti intensivi di polli, maiali, persino vitelli, dove gli animali soffrono davvero non tanto per assicurare a noi di potere continuare a mangiare carne quanto per garantire agli allevatori migliori margini di guadagno. Purtroppo, la dottrina dei diritti degli animali, come tutte le cose stupide di questo mondo, è riuscita persino a peggiorare il benessere degli animali e a disturbare o persino mandare in rovina molte persone che con gli animali lavoravano.

A qualche centinaio di metri dal punto in cui ci troviamo, si è formato un altro assembramento di licaoni: è il resto del branco che ha ritentato la caccia e ha preso uno gnu. Sono ormai una dozzina di cani che stanno spolpando la seconda preda mentre, da ogni lato della savana, piombano qui gli opportunisti: due grandi avvoltoi orecchiuti dal piumaggio scuro e dalla testa rossa, una fulva aquila delle steppe e due iene digrignanti. Le auto sono aumentate di numero e ormai formano un circolo largo che circonda completamente quello stretto del branco. Il silenzio è quasi assoluto, rotto soltanto dal rumore che gli animali producono masticando, dagli scatti delle macchine fotografiche e dal ronzio delle cineprese che cercano di cogliere questi straordinari attimi fuggenti.

12. BREAKFAST TIME

Ora, intorno alla carcassa dello gnu, i licaoni si sono ridotti di numero e si sono acquietati; mordono con meno foga le parti che restano, ogni tanto si interrompono e guardano in giro oppure si appartano a rosicchiare un osso. Le iene affamate hanno prontamente percepito il cambiamento della situazione e a poco a poco si sono avvicinate; d'improvviso, si fanno avanti con una rapida sortita: piombano insieme sulla carcassa e cercano di addentarla e trasportarla via.

Di fronte a quell'attacco impudente, però, i cani ritrovano la loro energia e reagiscono con decisione: tutti insieme fronteggiano le iene a muso duro e due più decisi degli altri si fanno sotto e cercano di azzannarle sul posteriore.

Le iene mollano tutto e si ritirano precipitosamente, correndo con il sedere che quasi striscia per terra. Nel parapiglia, non riesco a capire se prendono anche qualche morso. Mi sembra di sì, ma forse sono suggestionato da Ropiara che, parteggiando molto chiaramente per i licaoni, esprime a voce alta ed eccitata il suo commento sull'azione delle iene: « *They wanted to make trouble and now they will die*».

La previsione della mia guida, però, si rivela esagerata: le iene si ritirano rapidamente e il gruppetto dei licaoni non insiste a lungo a perseguitarle: in fin dei conti, se lasciassero la carcassa incustodita, la loro punizione agli aspiranti ladri avrebbe certamente un prezzo eccessivo. Tornano indietro quasi subito mentre le iene, evidentemente non troppo turbate dal pericolo corso, si fermano a sorvegliare la scena a un centinaio di metri di distanza. Sembrano dire: abbiamo sbagliato i tempi, ma non l'idea di base. Mi trovo ancora sotto l'impressione vivissima della scena appena conclusa quando il circolo di macchine incomincia a rompersi e a diradarsi:

accendono il motore e, una dopo l'altra, si allontanano tutte nella stessa direzione. In un paio di minuti — non credo di più — siamo rimasti soli.

«*What happens?*» chiedo a Ropiara, che cosa succede, perché se ne vanno tutti?

La risposta è breve e chiara:

«*Breakfast time.*»

Ecco, mi trovo a pensare, ecco che cosa succede quando credi di trovarti di fronte a qualcosa di straordinario, qualcosa che, secondo te, varrebbe la pena di ammirare con passione e con dedizione: mentre tu te ne stai lì con gli occhi spalancati, la gente accende il motore e se ne va in massa perché è arrivata l'ora della prima colazione. Guai se non mangiassero subito. Gli spettacoli, di qualunque genere siano, sono già inopportuni di per se stessi alle otto e mezzo del mattino. Magari si può pensare di ritornare più tardi, ma se poi non si riuscisse o se nel frattempo gli animali se ne fossero andati, pazienza, in fondo questa è la vita.

Che cosa - sto pensando con rabbia — che cosa sarà mai disposta a sacrificare per la conservazione della natura o magari in generale per la giustizia questa gente che non riesce neppure a sacrificare un caffè e due uova con la pancetta per uno degli spettacoli più straordinari che la natura possa offrire su questo pianeta? La domanda è inquietante perché la qualità della nostra vita è in serio pericolo, perché la distruzione degli ambienti naturali sta provocando una scomparsa di specie senza precedenti, perché l'inquinamento dell'atmosfera sta provocando un cambiamento climatico del quale non riusciamo ancora a comprendere tutte le tragiche implicazioni, e infine perché in una situazione tanto estrema sarebbe davvero il caso di unirsi strettamente per uscire da questo spaventoso tunnel e invece vediamo che certe categorie di persone continuano a insistere nella depredazione di tutte le altre muovendosi come se la situazione non fosse affatto tanto preoccupante quale invece è. La battuta di Ropiara, o per meglio dire la sua spiegazione dell'assurdo comportamento dei turisti che, fino a pochi minuti fa erano qui con noi si adatta perfettamente alla sedicente aristocrazia politica di questo disgraziato pianeta. Non capiscono proprio nulla, si agitano facendo piccoli o grandi dispetti ai loro vicini, pensano soltanto al loro *breakfast* mentre tutto minaccia di crollare. Si comportano in un modo che è troppo poco definire irresponsabile, ma che più che altro è semplicemente incredibile. Insomma, mentre il mondo sta finendo sott'acqua, i suoi leader traccheggiano e mostrano di non credere affatto alla gravità della situazione. Non ascoltano affatto gli scienziati che denunciano il cambiamento climatico, ascoltano solo i petrolieri che intendono continuare a vendere il loro prodotto e pensano forse che, con tutti i soldi che hanno accumulato, riusciranno a cavarsela in qualche modo, anche se la situazione del pianeta dovesse peggiorare ulteriormente.

Come è possibile qualcosa di tanto assurdo? Purtroppo è possibile, in primo luogo, a causa della scarsa propensione della grande maggioranza degli scienziati ad affrontare il dibattito politico. Gli scienziati che studiano il clima e che ormai da molto tempo hanno denunciato la gravità della situazione – in pratica quasi tutti – ben raramente si dimostrano disposti ad affrontare pubblicamente i cosiddetti "negazionisti", pseudo-scienziati venduti alle compagnie petrolifere che, pur rappresentando un'infima minoranza (è stato calcolato, il 3% del totale degli scienziati che studiano il clima), sono evidentemente ben pagati e ben pubblicizzati dai loro sponsor, tanto da mantenere nel dubbio il pubblico, ignorante di tutto e meglio disposto a credere a bugie rassicuranti piuttosto che a verità allarmanti. Ritengono forse poco dignitoso accettare il dibattito pubblico su temi su cui non c'è tanto da dibattere ma soltanto da agire, e in un certo senso, hanno ragione. Solo che così facendo, il meccanismo infernale del disastro climatico procede inesorabile: quantità crescenti di anidride carbonica continuano a essere scaricate nell'atmosfera, il livello di questo gas continua a crescere e con esso cresce anche l'effetto serra che fa aumentare la temperatura media del pianeta e stravolge le consuete modalità della cosiddetta "circolazione globale". Il risultato è un continuo aumento di uragani, inondazioni, disastri vari che letteralmente uccidono direttamente le persone più esposte e molte altre ne lasciano senza casa e senza prospettive. Dunque, un piccolo numero di plutocrati, appoggiati da una stampa priva di cultura e di principi morali e da politici corrotti e totalmente irresponsabili, cerca attivamente di impedire che si cambi strada, provoca la morte o la rovina di migliaia di persone e viene gratificata da un ininterrotto flusso di danaro per questo "servizio" alle più criminali multinazionali. Questa sembra proprio una dittatura orribile, eppure si presenta con una rassicurante patina di normalità che rende molto difficile alla gente comune rendersi conto di ciò che sta accadendo. "Il capitalismo è stupido" dice Naomi Klein, "però ci sa fare a imbrogliare la gente, purtroppo" mi pare necessario aggiungere.

Il fatto è che, in questi ultimi venticinque anni, la situazione è ulteriormente peggiorata: il sistema di potere mondiale ha subito profondi cambiamenti, le grandi entità finanziarie, dopo la dissoluzione dell'URSS, si sono talmente rafforzate da decidere di assumere *direttamente* la direzione politica del mondo occidentale accorpando tutto il potere reale nel complesso USA-UE-NATO all'interno del quale i governi dei singoli paesi possono ormai decidere ben poco e in generale debbono adeguarsi alla tendenza globale: *più società e meno stato* è uno slogan che risale ai tempi di Reagan-Thatcher e che sostiene con forza l'idea delle privatizzazioni, presentate come una via obbligata verso una società più efficiente. In realtà, l'effetto delle privatizzazioni e della demolizione del patrimonio pubblico è molto diverso da quello che questa gente pretende che sia. Da un lato, poiché il potere reale in natura come nelle società umane, dipende dal possesso delle risorse, questa espropriazione rende lo stato totalmente imbelle e impotente di fronte al grande capitale finanziario, dall'altro, il passaggio di risorse pubbliche in mani private produce inevitabilmente la conseguenza di una modifica in senso peggiorativo dei loro criteri di gestione. Il principale obiettivo cessa di essere la fornitura di servizi pubblici e diventa invece il profitto degli azionisti di quella determinata società privata. La propaganda che convince l'ingenuo cittadino ad approvare la privatizzazione perché dovrebbe portare in attivo il bilancio di una società che magari distribuisce energia elettrica o acqua è sostanzialmente falsa, anzi falsissima perché il profitto delle società private gli costerà ben di più dell'eventuale deficit della vecchia società pubblica.
La progressiva concentrazione di enormi risorse pubbliche multinazionali in poche mani produce, naturalmente, un enorme potere che si esercita per mezzo dello stretto controllo della stampa e dei criteri stessi di base

della gestione politica. Esiste ormai un autentico abisso tra i "poteri forti", cioè le concentrazioni finanziarie che prendono le decisioni e le dettano ai politici, e il semplice cittadino il cui voto, che già contava pochissimo, è stato ridotto a una approvazione obbligatoria delle decisioni economiche che gli oscuri "poteri forti" assumono volta per volta, senza più la mediazione della politica che ormai si limita a eseguire gli ordini, passati al pubblico come necessità inderogabili. Per chi non se ne fosse ancora accorto, le cosiddette "agenzie di rating" sono enti inventati *ad hoc* dai poteri finanziari per aumentare a piacere il debito pubblico dei paesi riluttanti a obbedire e, per mezzo del debito, costringerli a privatizzare le risorse pubbliche che qualcuno tenta disperatamente di conservare. In verità, la definizione di "gioielli di famiglia" appioppata alle risorse suddette è alquanto fuorviante perché non si tratta di valori statici come possono essere quelli dei gioielli anche di grande valore ma piuttosto di mezzi essenziali e dinamici di produzione della ricchezza, essenziali per le economie e per la possibilità concreta di indipendenza delle nazioni quali possono essere gli autocarri, i mulini, le acciaierie, i porti, le navi, gli aerei etc. Per questo, le "riforme" con le quali si intende adeguare la struttura delle nazioni a un tale modo di procedere rappresentano in sostanza una restaurazione dello schiavismo in chiave neppure tanto moderna, anzi tutto il contrario. "Riforme" di questo genere, in Italia, non sarebbero state proponibili neppure da parte delle forze politiche più retrive quando ancora esisteva l'URSS ma oggi sono rese possibili (anche se non certamente popolari!) dall'illusione che l'assetto economico internazionale creatosi nel periodo post-comunista possa avere una certa stabilità ancora per qualche decennio.

Ripensando al primo periodo post-comunista, vengono in mente le figure di Bettino Craxi e di Giulio Andreotti, statisti obiettivamente di valore, fautori di un certo grado di indipendenza nazionale seppure nell'ambito della NATO, che furono liquidati rispettivamente con la nomea di "ladro" e di "mafioso" semplicemente perché erano profondamente contrari all'indirizzo politico che si stava affermando come prevalente. Craxi morì in esilio in Tunisia e Andreotti fu ridotto al silenzio da un'attività giudiziaria sostanzialmente ipocrita e disponibile ad accettare accuse basate su prove talvolta provenienti da attività dei servizi segreti, talaltra fabbricate *ad hoc* in modi più o meno risibili. Quando Andreotti, che era ministro della difesa all'epoca della prima guerra del golfo, accettò di bombardare l'Irak in coordinamento logistico con gli americani, io personalmente pensai che fosse un peccato che un uomo politico che, a suo modo, era stato coerente per una intera vita, alla fine cadesse in una contraddizione tanto grave accettando di diventare aggressore per procura, forse nella speranza di sfuggire alla brutale "rottamazione" in atto dei vecchi politici. Pensai che piuttosto sarebbe stato meglio rifiutare nettamente e uscire da una scena che ormai appariva sempre più inaccettabile, e in effetti non mi sbagliavo. Se Andreotti aveva creduto di riuscire a conservare, in questo modo, una piccola frazione del suo trascorso potere, si sbagliava grossolanamente. Infatti, poco dopo fu accusato addirittura di avere ordinato l'omicidio di alcuni avversari politici nell'ambito di una assai poco credibile sua personale attività mafiosa condotta in connessione con i più sanguinari boss siciliani. Subì un lungo e assai penoso processo e alla fine fu liberato dalle accuse solo per prescrizione dei termini e comunque uscì decisamente dalla scena politica.

Liberati da tutti i personaggi della cosiddetta "prima repubblica", che rappresentavano ossi duri in quanto legati a una concezione dello stato ancora forte e tradizionale, i finanz-capitalisti iniziarono infine il loro programma di espansione post-comunista con una incalzante serie di guerre islamiche delegate agli USA: prima guerra del golfo contro l'Irak (1990) con la scusa di proteggere il Kuwait, guerra dell'Afghanistan (2002) con la scusa di scovare i responsabili dell'attacco alle torri gemelle, seconda guerra contro l'Irak (2003) con la scusa di scovare fantomatiche "armi di distruzione di massa". Altre guerre o guerriglie anti-arabe furono condotte nel 2011 contro la Tunisia, l'Algeria, la Libia, l'Egitto, la Siria con esiti molto vari ma in nessun paese senza una certa quantità di morti e di gravi sofferenze del popolo.

Una delle più gravi provocazioni del periodo cosiddetto post-comunista fu tuttavia l'attacco deliberato, ingiustificato e selvaggio alla Jugoslavia, il cui leader, Slobodan Milosevic, aveva avuto il torto di rifiutare l'"amichevole" offerta occidentale di dimettersi e lasciare spazio a un nuovo governo filooccidentale di orientamento privatista e capitalista. Al rifiuto di Milosevic, il blocco occidentale rispose prima con agitazioni indipendentiste in Kosovo e poi con le secessioni di Croazia e Slovenia (1991) ben presto seguite dalla secessione della Macedonia e della Bosnia-Erzegovina (1992). Il risultato fu una serie di sanguinosi conflitti con oltre un milione di morti che fu seguito e commentato in occidente con un persistente pregiudizio antiserbo e favorevole a qualsiasi piccola regione che, per motivi vari, decidesse di auto-proclamare la sua indipendenza, implicitamente contro la Serbia che ostinatamente tentava di conservarsi socialista. La guerra culminò con il bombardamento della NATO su Belgrado (1999) che provocò migliaia di morti, gravi distruzioni e la caduta di Milosevic che infine fu anche arrestato e trasferito all'Aja per essere processato.

Perché un simile atteggiamento occidentale antiserbo? La risposta esatta a questa domanda avrebbe potuto forse essere fornita da Slobodan Milosevic che però fu arrestato nel 2001, essendo stato accusato di essere un criminale di guerra, e morì misteriosamente nel 2006 nella prigione dell'Aja (Paesi Bassi) in cui era rimasto per cinque anni a subire un processo che non poté mai essere concluso. In un libro del 1994 a firma dell'economista sudafricano Hosea Jaffe (1994) viene esposta la tesi della preminente responsabilità della Germania, da poco riunificata, nel processo di frammentazione della Jugoslavia che avrebbe facilitato l'espansione dei suoi mercati. Secondo Jaffe, gli USA avrebbero preferito una Jugoslavia che, seppure riconvertita al capitalismo, fosse stata mantenuta unitaria, essenzialmente per arginare la potenza tedesca, fatalmente destinata a riemergere con forza dopo la riunificazione. Non sono sicuro che le cose siano andate proprio così e comunque mi pare che nel caos inestricabile della guerra civile jugoslava, non solo l'Europa ma anche gli USA abbiano praticato una sistematica e ben determinata disinformazione mediatica che valse a presentare al grande pubblico quella tragedia come qualcosa di profondamente diverso da ciò che realmente era stata.

Io credo che la guerra civile e il grande caos in Jugoslavia siano "scoppiati" (per così dire, è chiaro infatti che nulla può scoppiare se non viene prima minato) a causa del tentativo di alcuni di conservare la forma di governo

161

socialista e la ferma determinazione di altri di cancellarla. Questa ferma determinazione era stata, senza molti dubbi, accuratamente instillata nei protagonisti dagli europei dell'ovest e dagli americani che seguirono attentamente la sequenza degli eventi non badando affatto alla quantità di sangue versato ma piuttosto alla direzione nella quale gli eventi si muovevano e al volume di affari che i risultati finali avrebbero potuto produrre. Era infatti una ferma determinazione di tutti costoro impedire a ogni costo non solo che il paese indugiasse in qualsiasi forma di socialismo ma anche che evitasse il capitalismo keynesiano, considerato ugualmente insoddisfacente ai fini degli "investitori" potenziali sedicenti neoliberisti. La complessità della situazione jugoslava impedì che si potesse procedere a una facile "rivoluzione" di tipo rumeno che del resto appariva non praticabile anche a causa della enorme superiorità civile e democratica della forma del governo della Federazione Jugoslava rispetto a quella, decisamente rozza, della Romania di Ceausescu. Il risultato fu spaventoso dal punto di vista del sangue ingiustamente versato ma altrettanto spaventosa dal punto di vista della giustizia fu la distorsione che se ne fece tradendo in tutti i modi possibili la verità storica in favore di una pseudo-ricostruzione dei fatti che doveva valere a mostrare persino la sedicente superiorità morale del sistema capitalistico sopra un socialismo che si pretendeva capace soltanto di moltiplicare l'antico odio inter-etnico dei popoli che lo avevano dovuto subire senza averlo mai effettivamente scelto. Infine, personalmente, per me fu motivo di profondo dolore il fatto di dovere assistere allo spettacolo degli ex-comunisti che si accanivano a ripetere come altrettanti imbecilli le false accuse messe in giro dalla NATO per giustificare i suoi delitti e addirittura Massimo D'Alema alla presidenza del consiglio dei ministri che partecipava al bombardamento di Belgrado del 1999 nel quale furono uccisi 2500 civili e feriti più di 7000 e nel quale furono prodotti danni materiali per 30 miliardi di dollari.

Non molti anni dopo, nel 2014, ci fu un'altra secessione, quella della Crimea e del Donbass dall'Ucraina, che tuttavia, a differenza di quelle jugoslave, non incontrò affatto il consenso occidentale, anzi tutto il contrario. Stavolta, la secessione non avvantaggiava il blocco occidentale, avvantaggiava la Russia, ed ecco quindi il blocco occidentale capovolgere disinvoltamente i giudizi e condannare senza vergogna le stesse scelte politiche che pochi anni prima erano invece da lodare e addirittura preparare la guerra per tentare di capovolgere quello sgradito risultato.

Tutto si può fare, d'altra parte, quando si è supportati da un buon ufficio di propaganda, tutto si può presentare più o meno rovesciato perché tanto gli spettatori, se gli interessi coinvolti non sono esattamente i loro, saranno abbastanza distratti da giudicare che il loro *breakfast time* vale molto di più della fatica di dover capire che senso abbia lo spettacolo a cui ci si trova di fronte. La politica nazionale e internazionale è talmente intessuta di bugie che in verità ci si stupisce quando qualcuno vuole dire la verità e magari ci si domanda anche quali siano i suoi scopi segreti che lo spingono a pretendere di fare qualcosa di tanto strano.

Sugli ultimi resti dello gnu ormai sono rimasti soltanto tre licaoni che masticano di malavoglia. Non vogliono allontanarsi ma ormai è chiaro che sono sazi e che non riusciranno a mangiare il grosso pezzo che resta.

Le iene si sono avvicinate di nuovo e hanno percepito la nuova atmosfera: piombano avanti insieme e si gettano sulla carcassa; una delle due la afferra dalla testa e la leva in alto più che può lasciando penzolare, inerti come un mantello, brandelli di pelle e di arti; l'altra minaccia i licaoni che, incredibilmente, ora guaiscono come cuccioli impauriti e si fanno da parte, lasciando libero il campo.

«*Hyenass*» dice Ropiara con voce bassa e piena di disprezzo «*very coward animals.*»

Mi volto verso di lui: non sono sicuro che abbia ragione in generale e, in ogni caso, mi sembra che il suo commento sia esagerato e ingiusto. Vorrei dirgli: saranno anche animali molto codardi, ma alla fine, a quanto sembra, riescono a ottenere ciò che vogliono.

Abbozzo un sorriso un po' deluso senza rispondere nulla; ma Ropiara mi legge nel pensiero e insiste sulla sua tesi in modo deciso e conclusivo:

«*They are only scavengers, they only get remains.*»

Ora, la caccia è davvero conclusa: le prede sono state consumate, l'aquila e gli avvoltoi sono rimasti a bocca asciutta e la mia immagine delle iene cacciatrici, costruita sulle letture del biologo Hans Kruuk, è stata sostituita da quella delle iene codarde del mio amico Ropiara Shieni di Narok.

13. IMMAGINE E PROPAGANDA

Nel capitolo corrispondente a questo della edizione 1990 di questo libro si parlava di associazioni ambientaliste, di verdi-verdi, verdi-rossi e verdi-arcobaleno e inoltre si parlava di controllo dell'editoria in questo particolare settore. Questi argomenti mi paiono oggi, oltre che poco rilevanti, anche del tutto bruciati dalla quasi totale scomparsa dall'arena politica europea di questi gruppi politici e dal trionfo pro-tempore dell'ideologia sedicente neoliberista con le sue ben più gravi conseguenze a livello di immagine e propaganda nel blocco cosiddetto occidentale dei paesi del mondo. Il discorso che tenterò di affrontare in questa nuova edizione sarà dunque legato non a temi locali ma piuttosto globali.

Cominciamo dicendo che il tema dell'immagine e della relativa propaganda, onesta o non onesta, non è stato scoperto dagli esseri umani ma viene messo in atto da un gran numero di animali, vorrei dire quasi da tutti se non avessi il timore di esagerare. Le vespe si presentano a strisce gialle e nere per fare notare chiaramente le loro pericolosità. D'altro canto, esistono innocue mosche e farfalle che si vestono degli stessi colori per pretendere di avere una pericolosità che non hanno, ottenendo in tal modo il risultato positivo di essere lasciate in pace. Peraltro, per mettere in atto minacce, i colori vivi sono soltanto una delle varie possibilità. Molti animali si gonfiano ed emettono suoni terrifici per minacciare oppure si appiattiscono al suolo e tacciono per significare sottomissione. Tutti sanno che i serpenti velenosi soffiano in modo impressionante per minacciare i potenziali aggressori. Pochi, invece, sanno che esistono serpenti perfettamente innocui, e persino incapaci di mordere, che fanno esattamente la stessa cosa, impressionando persino gli esperti naturalisti. Inoltre, è anche vero che la comunicazione all'interno di un gruppo di animali tende spesso a sincronizzare le azioni di tutti. Infatti, esiste una tendenza molto diffusa di accettare per buono e imitare ciò che tutti gli altri fanno. In un gruppo di babbuini, quando è l'ora di bere, tutti vanno a bere e quando, invece, è l'ora di mangiare tutti si arrampicano su un albero o su pochi alberi vicini della stessa specie per raccogliere frutti. Fare le stesse cose contemporaneamente conviene per rimanere uniti e in tal modo minimizzare il rischio di finire presi di mira da qualche predatore e non potere in alcun modo contare sulla forza del numero per difendersi o almeno per sperare che questo decida di aggredire qualcun altro. Gli storni in volo nel periodo invernale stupiscono per le loro evoluzioni tanto sincronizzate da offrire uno spettacolo meraviglioso, la stessa cosa si potrebbe dire di un gruppo di moscerini nel periodo riproduttivo o di una mandria di bufali minacciata da un gruppo di leoni: un sincronismo straordinario che presenta l'intero gruppo come una sola unità, impressiona il predatore e gli fa perdere attimi preziosi, una delle infinite meraviglie della natura.

A livello sociale, la sincronizzazione è ottenuta dall'autorità del leader che rapidamente decide se esista pericolo e come si debba reagire. C'è poco da stupirsi che, nell'evoluzione di un grado superiore di cognizione, anche le specie più intelligenti rinuncino a un'analisi approfondita di un evento e continuino ad affidarne l'interpretazione alla leadership. Ne consegue che la capacità di esercitare efficacemente questo tipo di leadership è essenziale per essere creduti a livello sociale e per potere mantenere il potere. Vi sono formazioni politiche che sopravvivono per anni e anni con percentuali di adesione molto modeste e ve ne sono altre che compaiono improvvisamente e si impongono su una buona fetta di elettori. Perché mai ciò accada è una domanda complicata che non affronterò in questa sede. Certo, non voglio negare che le promesse concrete abbiano la loro importanza, ma spesso anche le promesse che vanno contro agli interessi degli elettori ottengono un buon risultato qualora siano presentate in modo efficace, in altre parole girando la frittata.

Per esempio, a mio modesto parere non c'è alcun dubbio che la migliore rappresentanza degli interessi degli elettori sia assicurata da un sistema elettorale proporzionale, al massimo mitigato da uno sbarramento al di sotto di un certo minimo non tanto elevato. È il sistema tedesco e della Germania non si può certo dire che sia un paese caotico e inconcludente a causa di questo modo, sostanzialmente corretto di gestire la rappresentanza politica. Eppure, i fautori dei governi "forti" tentano continuamente di fare accettare sistemi in cui una maggioranza relativa anche modesta sia trasformabile in una maggioranza assoluta accampando nozioni come la "governabilità", ossia il potere di controllo che è qualcosa che interessa il governo e non i cittadini o magari la capacità di "ricatto" da parte delle formazioni politiche minori che in realtà è la possibilità delle minoranze di far valere almeno in parte anche il loro punto di vista quando il loro apporto è essenziale per raggiungere una maggioranza politica reale e non creata artificialmente da un sistema distorto.

Purtroppo, però, basta ripetere un'idea assurda in continuazione per farla entrare, a poco a poco, almeno nella testa di una maggioranza relativa di persone che rispondono alla propaganda con modalità identiche a quelle dei branchi di animali guidati da un leader. Una tale caratteristica della specie umana ci convince una volta di più che l'uso corretto della capacità di ragionare è una capacità individuale che purtroppo non è esercitabile a livello collettivo né in materia di temi politici né in materia di temi giuridici. Il metodo scientifico, che in teoria dovrebbe fare piazza pulita di questo genere di effetti, in pratica è totalmente impotente di fronte a una campagna pubblicitaria bene orchestrata e anche di fronte a un processo mediatico bene imbastito. I giudici sono esseri umani i cui studi di base sono stati di carattere umanistico, non scientifico, e dunque, in linea di massima, non possono essere in grado di applicare correttamente una legge espressa in un modo troppo generico. Di fronte a interpretazioni contrapposte è fatale che tendano a seguire quella prevalente nella propaganda piuttosto che quella corretta. Penso alle condanne in primo grado ai sismologi che non avevano previsto il terremoto dell'Aquila, penso all'insistenza sbalorditiva con la quale alcuni giudici hanno permesso di "sperimentare" metodi di cura totalmente inconsistenti come il cosiddetto "Stamina" e ancora penso alle condanne per maltrattamento di animali nel recente processo contro l'allevamento Green Hill di Montichiari.

Nel processo suddetto, essendo stato uno dei periti della difesa, ho avuto l'occasione di seguire la vicenda da vicino e penso che valga la pena farla conoscere quanto più possibile alla gente che di essa non si è potuta fare nemmeno una minima idea.

Il processo è stato istruito contro i gestori di un allevamento di cani Beagle destinati alla sperimentazione tossicologica di farmaci, pratica non solo consentita ma obbligatoria a norma di legge ma osteggiata dagli animalisti che la definiscono insistentemente vivisezione e sostengono a muso duro la sua inutilità. La professoressa Laura Cattaneo, recentemente nominata senatrice a vita, ha osservato che la maggioranza dei parlamentari italiani non sa a che cosa serve la sperimentazione sugli animali in generale e tuttavia dichiara senza molti problemi una tendenziale contrarietà nei suoi confronti. Certo, nessuno può aver piacere di vedere iniettare un farmaco a un grazioso cagnolino che, a seguito di questa azione, magari sta male, magari anche molto male o magari muore. Nessuno vede di buon occhio questi presunti abusi su animali domestici, anche se poi non ha problemi, in caso di necessità, a usare i farmaci sviluppati nel corso delle sperimentazioni svolte a norma di legge. Questa tendenza ambivalente è stata abilmente sfruttata da alcune associazioni animaliste che cercano di raccogliere soci e finanziare iniziative giocando sulla sensibilità popolare a favore delle specie animali di aspetto più accattivante. Non c'è nulla di razionale in questo, a prima vista, però il successo è assicurato se l'opera di propaganda è abbastanza bene impostata e condotta con la massima faccia di bronzo, senza nessuna concessione alla verità. Se n'è accorta diversi anni fa la deputata di Forza Italia Michela Vittoria Brambilla, già ministro del turismo dell'ultimo governo Berlusconi, che si è dedicata anima e corpo alla sua campagna animalista e, dal 2012, ha dedicato notevoli sforzi mediatici per ottenere la chiusura dell'ultimo allevamento italiano di cani dedicati alla ricerca, appunto quello di Green Hill di Montichiari, in provincia di Brescia.

Dopo varie manifestazioni e interviste esplosive, il giorno 29 aprile 2012, un gruppo di una dozzina di animalisti ultras riusciva a forzare un cancello e ad introdursi all'interno dell'allevamento di cani di razza Beagle di Green Hill a Montichiari. In questa intrusione vi furono diversi aspetti singolari: anzitutto il fatto che essa, sebbene oggettivamente inquadrabile come attività di tipo terroristico, fosse stata ispirata da una parlamentare di un gruppo che normalmente si autodefinisce "moderato; in secondo luogo il fatto che la Digos, generalmente capace di impedire facilmente questo tipo di inconvenienti, rimase del tutto passiva e in pratica lasciò fare, tanto che gli unici arresti furono poi effettuati dai carabinieri, a cose fatte; in terzo luogo il fatto più singolare di tutti, che dopo pochi mesi, le responsabilità furono completamente ribaltate, la ditta danneggiata dall'intrusione si ritrovò indagata per maltrattamenti nei confronti di animali e addirittura dovette subire un sequestro e un rinvio a giudizio che, prima ancora di essere giudiziario fu mediatico, e tutto ciò mentre i vandali, arrestati dai carabinieri, trascorrevano in prigione soltanto un paio di giorni e poi tornavano in libertà per continuare la loro attività di fiancheggiamento di movimenti ultra-animalisti in attesa di un giudizio che finora (apr 2018) non è venuto. Questa situazione fornisce la misura del degrado che l'Italia ha subito in tema di lotte politiche e sociali, e purtroppo non solo.

Come poté accadere che la ditta danneggiata finisse sotto il mirino della magistratura? Qui dobbiamo distinguere il meccanismo della trappola dalla trappola in se stessa, oggetto che era considerato da molti come auspicabile in quanto il processo mediatico aveva già identificato gli invasori come eroi e gli allevatori di cani come biechi torturatori. Quanto scritto dalla stessa Brambilla in merito agli arresti degli invasori sul suo libro "Il Manifesto animalista" non lascia alcun dubbio nel merito:

"Presi pubblicamente le loro difese e mi recai nelle carceri bresciane dove erano rinchiusi questi meravigliosi ragazzi, per assicurarmi personalmente delle loro condizioni. In quella occasione ebbi l'ennesima conferma di come l'affollamento e la vetustà delle nostre prigioni non permetta il minimo rispetto dei diritti umani (ma questa, purtroppo, è un'altra brutta storia). Dopo due assurdi giorni di detenzione, davvero inaccettabili in un'Italia dove capita spesso che stupratori e assassini scorrazzino a piede libero, i manifestanti furono rimessi in libertà. Un reato è sempre un reato ma, nella valutazione dei fatti, come riconosce il codice penale, hanno un peso anche le motivazioni per le quali è stato compiuto. Ne tenne conto il GIP di Brescia nel disporre la scarcerazione sottolineando 'il particolare movente, certamente meritevole di apprezzamento, di evitare la destinazione degli animali alla vivisezione'. E l'avere agito 'per motivi di

particolare valore morale o sociale' può alleggerire la posizione degli indagati".

In quella occasione mi resi conto del fatto che le regole del gioco non erano state fissate da un giurista imparziale ma dagli stessi accusatori, gli animalisti, che erano riusciti alcuni anni prima a fare approvare una legge sui maltrattamenti formulata in un modo tanto generico da poter colpire, praticamente, sempre chiunque. Infatti, che cosa vuol dire che a un animale in allevamento deve essere assicurata una vita conforme "alla propria etologia"? Che ogni uccello deve avere a disposizione chilometri e chilometri cubici di cielo per poter volare come e quando gli pare? Che ogni delfino deve avere a disposizione il mare aperto per potere nuotare in lungo e in largo e cacciare come e quanto gli pare? Oppure che un cane che vuole farsi una bella dormita non può essere disturbato da qualcuno che vorrebbe sottoporlo a un allenamento a un percorso di regolarità o a una operazione di soccorso in montagna? È chiaro che la decisione dipende soltanto dal giudice e che non esiste nessun possessore di animali domestici che si trovi al riparo di un possibile attacco contro il suo allevamento, le sue modalità di detenzione, le modalità di trasporto degli animali da una sede all'altra, il giudizio di un veterinario legato ad associazioni animaliste circa le possibili deformazioni secondo lui subite da particolari moduli comportamentali di animali, senza alcuna necessità di video dimostrativi di autentici maltrattamenti, video che invece sarebbero richiesti se qualcuno volesse accusare qualcun altro di maltrattamenti nei confronti di bambini. Quando si va a constatare la formulazione delle leggi relative al benessere degli animali, ci si domanda come sia stato possibile che gli animalisti siano riusciti ad ottenere un risultato tanto favorevole per loro stessi e anche tanto ingiusto, mentre tutti gli altri, allevatori per qualsiasi scopo, proprietari di zoo, circhi, scienziati che per qualsiasi motivo hanno a che fare con animali, abbiano talmente trascurato i rapporti con il legislatore da trovarsi ora in una situazione decisamente assurda, in cui gli animalisti possono praticamente ottenere sempre tutto ciò che vogliono perché hanno in pugno una legge che non è in alcun modo basata su criteri scientifici ma soltanto su formulazioni del tutto generiche che un giudice può tranquillamente interpretare come desidera.

La prima domanda che viene alla mente è perché gli animalisti abbiano fatto tutto questo. La risposta ovvia è che una situazione del genere dà potere e che il potere dà risorse, e una tale interpretazione è confermata dai regolari "risarcimenti civili" che alcune associazioni animaliste riescono a ottenere dai soggetti che, secondo le leggi vigenti e le relative interpretazioni giudiziarie, hanno "maltrattato" animali con diverse modalità. Però, alcuni temi animalistici, vorrei quasi dire la maggior parte di essi, sono indubbiamente soggetti a una disinformazione mediatica cronica che francamente stupisce perché normalmente le società civili arrivano a punte tanto estreme di distorsione soltanto in guerra o in particolari momenti della politica estera e interna. Per solito, essa serve a formare un'opinione pubblica largamente consenziente nei confronti di un governo, una politica di alleanze ovvero una politica del lavoro, insomma di temi di primo piano sui quali qualsiasi genere di governo desidera un largo consenso.

Stupisce dunque la quasi unanimità dei mezzi di comunicazione di massa nei confronti di temi difficili e potenzialmente controversi come la sperimentazione su animali, la caccia, l'uso di pellicce anche di animali di allevamento, il destino di cani o gatti randagi vaganti, gli spettacoli circensi con animali, alcune particolari corse di cavalli, il mantenimento da parte dei privati o addirittura da parte di zoo di particolari animali selvatici, addirittura la condanna degli zoo, anche moderni e bene organizzati sui temi della conservazione della natura. Che cosa accomuna tutti questi argomenti? Come è possibile che si sia formata spontaneamente un'alleanza tanto vasta il cui unico denominatore comune, a ben vedere, è soltanto la critica di qualsiasi interazione diretta tra esseri umani e animali, perlomeno quando essa avviene al di fuori di certi canali approvati da parte dei critici?

La risposta a queste domande non è poi tanto difficile, ma invece è sorprendente. L'animalismo prospera, in effetti, a causa della convergenza di interessi tra i soggetti di cui abbiamo parlato, che sono ben disposti a mettere in atto distorsioni e falsificazioni pur di ottenere potere e vantaggi economici e altri soggetti che guadagnano somme ingenti distruggendo la natura e la fauna selvatica. Immaginate una multinazionale che brucia le foreste e distrugge la fauna più rara e pregiata per coltivare palma da olio oppure che rastrella dal fondo degli oceani milioni di tonnellate di pesce per farne di tutto, anche cibi per cani e gatti. Queste gigantesche entità economiche sono disponibili a investire somme significative per ottenere la distrazione di un pubblico ignaro, ingenuo e spesso anche psicolabile dalle loro losche attività. Per contro, alcuni dirigenti di associazioni animaliste sono affamati di risorse economiche e sono disponibili a fare cose turche pur di ottenere le risorse che le grandi multinazionali sono disposte a investire per dirottare l'attenzione del pubblico su argomenti diversi da quelli che le riguardano direttamente e che effettivamente riguardano la natura e gli animali. Questa alleanza ha funzionato alla grande, a poco a poco riducendo in un angolo sempre più piccolo le autentiche associazioni ambientaliste che un quarto di secolo fa avevano ancora potere e rilevanza e premiando invece le associazioni animaliste che riescono sostanzialmente a ottenere successo presso il pubblico per mezzo di campagne fondamentalmente tendenziose e false. Il fatto stesso che ancora oggi si parli di "vivisezione" (attività proibita e del resto in disuso da oltre 40 anni) e non di "sperimentazione sugli animali" fa parte di un preciso piano di disinformazione volto a ottenere il massimo consenso possibile presso il pubblico ignaro. Il pubblico riceve un'informazione falsa sia nei termini stessi (vivisezione invece di sperimentazione) sia nel merito (la suddetta "vivisezione" è presentata come una crudeltà inutile e anzi dannosa alla salute umana, una pura e semplice crudeltà senza giustificazione alcuna mentre in realtà si tratta di pratiche indispensabili per la salute pubblica) e viene sollecitato a versare una piccola somma per "salvare" deliziosi cuccioli innocenti da una triste fine che gioverà soltanto ai profitti delle aziende farmaceutiche. Forse è troppo poco, in questo caso, parlare di disinformazione, forse si tratta proprio di menzogne con le quali i fondi provenienti da persone che amano sinceramente gli animali, fondi che si sarebbero potuti destinare alla conservazione dei gorilla, degli scimpanzé,

171

dei rinoceronti e di altre specie rare e minacciate di estinzione, vengono artatamente dirottati e vanno invece a fornire sostegno a canili municipali che altro non sono se non costosi ergastoli che ingrassano alcuni furbi esseri umani assai più degli sfortunati animali che vi sono detenuti. Questa è la sostanza della campagna animalista della quale siamo testimoni quasi quotidiani e che è difficile considerare se non come aberrazione che dirotta forze potenzialmente positive verso falsi obiettivi. Un discorso a parte merita la "collaborazione" tra animalisti estremisti e Corpo Forestale dello Stato che, negli ultimi anni della sua esistenza come corpo civile, ha sostanzialmente indirizzato una buona parte della sua attività su questioni che, in sostanza, risultano alquanto marginali, quando non addirittura estranee, rispetto alla filosofia non solo legalista ma conservazionista e naturalistica che avrebbe dovuto caratterizzare e in origine caratterizzava l'ente suddetto. Recentemente, poiché il contrabbando di specie protette risulta oggi in declino rispetto al passato (il motivo è che gli animali ospiti delle nostre case, ormai vengono praticamente tutti riprodotti in cattività), il CFS ha iniziato ad affrontare soprattutto casi di maltrattamenti veri o presunti, complici gli interessati consigli degli animalisti e le già citate ambiguità nella formulazione delle leggi. Dunque, la prima cosa da fare da parte di un corpo di polizia ambientale dovrebbe essere di collaborare non già con gruppi animalisti privati interessati a tutto fuorché alla conservazione della natura ma con enti pubblici che si occupano istituzionalmente di fauna selvatica quale è in Italia in primo luogo l'ISPRA (Istituto Scientifico per le Ricerche sull'Ambiente) e in secondo luogo alcuni selezionati istituti universitari che si danno da fare per stabilire quali siano le modalità più economiche e più efficaci per ottenere risultati concreti di conservazione e di benessere degli animali. Anche perché la cronaca recente ha messo in luce incredibili abusi e veri e propri crimini da parte di alcuni ben noti centri di raccolta di fauna selvatica protetta ivi instradata dopo il sequestro a privati che la detenevano illegalmente sì, ma spesso più decentemente degli animalisti affidatari. A quanto pare, alcune specie rare di particolare pregio sono state sottratte e addirittura contrabbandate verso paesi ricchi in materia di valuta pregiata ma poveri in materia di leggi di conservazione.

14. LIMITI DELLA SCIENZA

La domanda che ci poniamo in questo capitolo è: come mai oggi, in un periodo in cui la scienza è riuscita a rivoluzionare la nostra vita e ad abbattere molte superstizioni, molte altre superstizioni sopravvivano senza vergogna e la scienza non sia riuscita a fare breccia in alcuni particolari settori, come quelli dei quali abbiamo parlato nel capitolo 13.

Inizierò presentando i fatti nudi e crudi. Le scienze sperimentali studiano il mondo reale e cioè una realtà oggettiva la cui esistenza noi ammettiamo in base a un postulato detto di oggettività e non dobbiamo in alcun modo dimostrare. Il postulato di oggettività coincide con una normale nozione di buonsenso e non è molto comune incontrare gente che lo metta seriamente in dubbio; però, si deve onestamente ammettere che si tratta di un postulato e nulla più e che perciò non è possibile criticare razionalmente la gente che ritenesse di rifiutarlo e che basasse la sua conoscenza del mondo su un diverso punto di vista. Per esempio, le correnti filosofiche idealiste e spiritualiste, in modi diversi, hanno posto l'accento non sull'esperienza sensibile del mondo reale bensì su quella della coscienza individuale. Questi punti di vista, che si potrebbero chiamare "animisti", non possono essere confutati in modo razionale. Si può soltanto osservare che, se ci si mantiene al di fuori del postulato di oggettività, non è evidentemente possibile nessun tipo di conoscenza di carattere oggettivo. Infatti, se la conoscenza viene basata sulla coscienza individuale invece che sull'osservazione del mondo reale, essa diventa necessariamente un fatto personale, senza alcun riscontro nella realtà oggettiva e quindi senza alcuna possibilità di comunicazione da una persona all'altra.

Se si desidera disporre di una conoscenza non soltanto dotata di coerenza interna, ma anche oggettiva e quindi comunicabile a tutti gli altri esseri umani e in parte anche non umani, non si può fare a meno di accettare il postulato di oggettività. D'altronde, tutti gli animali lo accettano implicitamente comportandosi in modo da rispondere agli stimoli esterni, assicurando così la propria sopravvivenza e la conservazione della propria specie. Quando una gazzella si mette in fuga non appena si accorge che un leone la sta attaccando, essa riconosce implicitamente che il leone esiste e che, se la raggiungesse potrebbe ucciderla. Dobbiamo dunque ammettere, se non altro per poter sopravvivere, l'esistenza di tutto ciò che percepiamo intorno a noi, ma non dobbiamo ingenuamente credere di potere anche conoscere le caratteristiche intrinseche di questa realtà misteriosa. infatti, ciò che noi percepiamo attorno a noi stessi dipende in larga misura dalle caratteristiche dei nostri sistemi sensoriali e dalla filtrazione operata dal nostro sistema nervoso. Un prato, visto attraverso gli occhi e il cervello di un'ape, ha forme e colori molto diversi da quello visto da un essere umano e quest'ultimo è ancora diverso da quello visto da un cane. Per un'ape, per un cane o anche per un uomo è praticamente impossibile comprendere la realtà intrinseca di un prato. In altre parole, è impossibile ipotizzare che cosa rappresenti in se stesso un prato nella realtà dell'Universo, ma è invece possibile conoscere da quali diverse specie di erbe sia costituito, quali siano le esigenze climatiche e ambientali di ciascuna di esse, quali i rapporti di competizione tra le diverse specie di piante e di animali che vi vivono, quanta l'anidride carbonica utilizzata e l'ossigeno prodotto per ogni metro quadrato di superficie e via dicendo. Tutte queste informazioni potranno apparire molto fredde e aride a chi ama i prati come distese verdi su cui riposare lo sguardo e placare gli affanni e, per contro, potranno anche apparire alquanto stravaganti e inutili a chi è abituato a considerare i prati soltanto come una fonte di erba per l'alimentazione del bestiame. Bisogna tuttavia riconoscere che i punti di vista emotivi, artistici si possono riferire esclusivamente al rapporto tra un particolare prato e un particolare essere umano e non possono venire comunicati in modo uniforme e rigoroso agli altri individui; i punti di vista "pratici", invece, rappresentano puri e semplici derivati semplificati e impliciti del punto di vista scientifico: infatti, l'uso dell'erba come foraggio per il bestiame presuppone una vasta serie di conoscenze di base che possono essere acquisite soltanto per mezzo dell'osservazione e della generalizzazione.

C'è un terzo punto di vista, quello del mito o delle cosiddette "religioni rivelate" che costituisce, in realtà, l'antica alternativa al punto di vista scientifico. In effetti, tutte le grandi religioni rivelate propongono una vera e propria cosmologia completa di risposte precise e circostanziate sull'origine dell'Universo e dell'uomo e sulle basi filosofiche di una dottrina morale universale. «La religione» hanno scritto Charles Lumsden e Edward Wilson «è una sala di specchi incantati, un potente meccanismo mediante il quale la gente viene integrata in una tribù e rafforzata psicologicamente.» In effetti, l'autocoscienza degli uomini e con essa la capacità di porsi domande sul significato dell'Universo e sul proprio destino, è iniziata molte centinaia di migliaia o forse milioni di anni fa, ma il metodo scientifico è stato esplicitato e messo a punto soltanto tre secoli fa da Galileo Galilei. È naturale che gli uomini, dovendo convivere per un tempo tanto lungo con un mondo che appariva del tutto incomprensibile, abbiano creato il mondo degli dei e dei miti quale vero e proprio sistema organico di ipotesi di lavoro da conservare cristallizzate in forma di dogmi fino al giorno in cui non fosse stato possibile l'avvento di un nuovo mondo di conoscenze. Perciò, si può credere con ottime ragioni che l'autentico motivo della contesa della chiesa cattolica con il grande Galileo non fosse tanto il movimento relativo della Terra rispetto al Sole quanto piuttosto la sua proposta esplicita di adottare un metodo completamente nuovo per affrontare i problemi della conoscenza.

Nonostante la sofferenza e il trionfo postumo di Galileo, vi sono ancora oggi molte persone che ritengono di potere adottare il pensiero scientifico (o almeno di utilizzare i prodotti della tecnologia) per alcune ore della giornata e di rifugiarsi tranquillamente per alcune altre ore in credenze mitiche e fideistiche che rifiuterebbero decisamente di usare per il loro lavoro. «La mente dei più razionali tra noi» scrive Bertrand Russell «può essere paragonata a un oceano tempestoso di ardenti convinzioni basate sul desiderio, e su tale oceano navigano pericolosamente alcune barchette con un piccolo carico di credenze provate scientificamente.»

La scienza non può pretendere di dare risposte definitive come quelle della religione, anche se spesso può offrire emozioni paragonabili a quelle dell'arte, ma è l'unico mezzo che ci consente di comunicare tra noi in modo razionale e oggettivo. In se stessa, la scienza non può promettere né felicità né benessere; però, in alternativa ad essa, esistono soltanto credenze di tipo dogmatico oppure conoscenze soggettive indimostrabili e inapplicabili che, senza dubbio, offrono prospettive molto minori per il benessere degli esseri umani.

Il metodo empirico galileiano si serve di osservazioni e di esperimenti. Per esempio, si può osservare che i raggi del sole scaldano e illuminano la Terra, che gli uccelli cantano in primavera, che i vulcani emettono lava, gas e ceneri, che l'acqua del mare è salata e via dicendo. Si può tentare di interpretare una osservazione o un insieme organico di osservazioni abbozzando una ipotesi di lavoro da verificare per mezzo di un esperimento. Per esempio, se non conoscessimo già il meccanismo dell'arrugginimento del ferro, potremmo ipotizzare che tale metallo si vada sgretolando in una polvere rossastra perché viene attaccato da qualche ignoto elemento o composto chimico che si combina con esso dando luogo a qualcosa di nuovo. Per decidere sulla fondatezza di tale ipotesi, sarebbe anzitutto necessario analizzare la composizione chimica della ruggine accertando che si tratti effettivamente di un ossido idrato di ferro; successivamente si dovrebbe replicare la reazione di ossidazione e di idratazione del ferro in condizioni controllate per accertare che, in effetti, quando il ferro "arrugginisce", esso reagisce modificando il proprio stato di ossidazione e combinandosi con l'ossigeno e l'acqua che sono presenti nell'aria.

La principale condizione tecnica per potere effettuare qualsiasi ricerca sperimentale è quella di disporre di idonei metodi e strumenti di misura. Per esempio, volendo verificare la natura della ruggine, sarà necessario disporre di un metodo di analisi che consenta di accertare la presenza e "dosare" la quantità dei diversi elementi chimici, ferro, ossigeno e idrogeno in un composto chimico solubile in acidi come la ruggine. È solo la capacità tecnologica di effettuare una determinata serie di misure che ci può mettere a disposizione i dati grezzi la cui interpretazione fornirà poi una teoria scientifica. È dunque da tener presente che il progresso della scienza presuppone un parallelo progresso della tecnologia. Per raccogliere informazioni sugli ormoni nel sangue dei mammiferi è necessario essere in grado di dosarli, per studiare l'anatomia delle formiche è necessario disporre di un opportuno ingranditore ottico e di un buon metodo pratico di microdissezione, per scattare fotografie sul pianeta Marte è necessario essere in grado di farvi scendere una sonda.

La scienza, perciò, procede per mezzo di osservazioni, ipotesi, misure basate su metodi specializzati e teorie che consistono in interpretazioni del significato dei dati raccolti che tengano conto di tutto ciò che è già noto su quel determinato argomento. Le misure, evidentemente, possono essere più o meno precise a seconda della raffinatezza della tecnologia su cui sono basate ma, in ogni caso, sono esattamente ciò che sono, mentre non altrettanto univoche sono le loro interpretazioni che potrebbero anche venire radicalmente modificate in seguito all'acquisizione di nuovi dati. Sono queste continue nuove interpretazioni che talora disorientano i profani dando loro l'impressione che la scienza sia qualcosa di incomprensibile e comunque di non molto esatto e di cui è molto meglio non fidarsi affatto. Questa impressione può risultare rafforzata di fronte al comportamento di certi scienziati che, come è naturale, sono anche esseri umani soggetti a sbagliare e che, oltre tutto, in alcuni casi si vengono a trovare in posizioni di potere e di responsabilità che li rendono vulnerabili a diversi tipi di lusinghe di carattere mondano e anche alla pura e semplice corruzione.

E tuttavia, nessuno si pronuncerebbe mai contro la giustizia perché i magistrati commettono errori giudiziari oppure a pronunciarsi contro la musica perché c'è gente che si limita a utilizzare un pianoforte per strimpellare in un modo assolutamente orribile.

Nella realtà, gli scienziati possono anche essere persone tronfie di boria e di invidie accademie e disposte a fare esattamente il contrario di ciò che dovrebbero; tale situazione è certamente spiacevole e deprecabile, ma non toglie una virgola alle caratteristiche della scienza come metodo di conoscenza.

È anche vero che gli esperti possono anche essere pieni di pregiudizi e che è auspicabile che i profani li tengano d'occhio ma i pregiudizi non soltanto non fanno parte del metodo scientifico, ma sono in assoluta antitesi con esso e d'altra parte, i profani, per potere seriamente vigilare sui pregiudizi dei sedicenti esperti, debbono necessariamente essere bene informati sul metodo scientifico.

Abbiamo già osservato che un abbozzo di approccio alla conoscenza scientifica esisteva addirittura prima della comparsa dell'uomo e che i miti stessi possono essere interpretati come ipotesi di lavoro provvisorie. Dunque, il contributo di Galileo non fu certamente quello di inventare la conoscenza scientifica ma semplicemente di chiarirne e di enunciarne le regole.

È ora necessario passare a definire nonché a chiarire le differenze e le reciproche connessioni tra i concetti di scienza, tecnologia e cultura.

Potremmo definire come *scienza* l'attività di raccolta di informazioni sui nessi causali esistenti nel mondo, come *tecnologia* la capacità di manipolare il mondo ai nostri specifici fini, come *cultura* una concezione del mondo basata su un certo livello di conoscenza scientifica e di abilità tecnologica. La tecnologia può anche avvalersi di conoscenze essenzialmente empiriche e quindi può essere basata sull'apprendimento sistematico piuttosto che sulla scienza nel senso galileiano del termine; ciò non toglie, tuttavia, che quanto maggiori sono le informazioni sui meccanismi che stanno alla base di un determinato fenomeno, tanto maggiore diventa la possibilità tecnologica di manipolazione.

Per esempio, la selezione artificiale degli animali e delle piante, all'inizio dell'agricoltura, fu praticata in modo essenzialmente empirico, destinando alla riproduzione gli esemplari che più presentavano le qualità desiderate; con la scoperta delle leggi di Mendel, il processo divenne prevedibile e quindi più facilmente pianificabile; infine, con la scoperta della struttura chimica del DNA e con lo sviluppo della cosiddetta "ingegneria genetica", si è anche aggiunta la possibilità dell'intervento diretto sul materiale genetico che ha molto ampliato le possibilità di controllo del prodotto finale.

Scienza, tecnologia e cultura sono reciprocamente legate e interdipendenti ma sono tre cose diverse. Quando le conoscenze aumentano, diventa possibile sviluppare nuove tecnologie sempre più raffinate e, per contro, lo sviluppo di tali nuove tecnologie rende possibile l'acquisizione di ulteriori nuove conoscenze di base. D'altra parte, l'acquisizione di nuove conoscenze influisce necessariamente sulla nostra concezione del mondo e favorisce lo sviluppo di nuove culture. Basti pensare all'influenza straordinaria di nuove conoscenze come il moto copernicano, l'evoluzione biologica, la decifrazione del codice genetico e via dicendo. Oggi, le culture emergenti che utilizzano le tecnologie per praticare la violenza ma che d'altra parte non tengono in alcun conto lo sviluppo delle conoscenze e la cultura scientifica, ci appaiono in tutta la loro brutalità, decisamente estranee al mondo moderno e alla stessa intelligenza dell'uomo. Parimenti ci appare condannabile l'uso disinvolto della tecnologia e della cultura scientifica per la ricerca del potere al di fuori di ogni regola morale.

Alcuni filosofi e storici della scienza insistono sul fatto che anche nei sistemi scientifici esistono credenze così come in quelli a carattere religioso, filosofico o mitologico. A sostegno di questa idea essi portano il fatto che nessuno scienziato si accerta personalmente dell'esattezza di tutte le cognizioni già acquisite dai suoi predecessori ma si limita ad accettarle con un atto di fede: gravitazione universale, evoluzione biologica, fotosintesi clorofilliana e via dicendo non vengono effettivamente controllate da ogni singolo studioso che ne viene a conoscenza, ma vengono generalmente accettate per buone.
Questa argomentazione è però decisamente capziosa. Infatti, la parola credenza viene utilizzata nei due diversi casi in due accezioni con significati completamente diversi: quando si parla di credenze mitiche o religiose ci si riferisce ad atti di fede nei confronti non già di fatti o fenomeni già dimostrati da altri ma piuttosto di asserzioni pure e semplici, confortate unicamente dalla presunta autorità politica o morale di chi le esprime. Al contrario, quando si parla di credenze scientifiche, ci si riferisce a fatti che sono già stati dimostrati e che restano sempre perfettamente dimostrabili ma dei quali, in un particolare contesto, si

omette la dimostrazione per brevità e per praticità. Io non ho mai accertato che l'azoto non sia un gas respirabile e poiché non desidero danneggiare inutilmente nessun animale e neppure perdere tempo, mi limito a credere alle descrizioni di chi già ha provocato la morte di un topolino collocandolo sotto una campana di vetro e riempiendo l'ambiente di azoto; tuttavia, nulla mi impedirebbe, qualora lo ritenessi utile, di ripetere senza indugio quel crudele esperimento ottenendo la prova a cui avevo momentaneamente rinunciato e che è dettagliatamente descritta in una pubblicazione specialistica. La stessa cosa non si può dire nei confronti delle credenze di tipo mitico o religioso, per esempio l'esistenza di una eventuale sostanza incorporea non visibile, non rilevabile con alcun tipo di strumento esistente e neppure ipotizzabile sulla base delle attuali conoscenze sulla struttura e sull'evoluzione dell'Universo; in questo caso l'atto di fede non consisterebbe in una volontaria e facoltativa rinuncia alle operazioni di controllo ma piuttosto in una accettazione totalmente acritica di un asserto gratuito o persino contrario all'esperienza sensibile, in una situazione in cui ogni genere di controllo appare completamente impossibile. Pertanto, se proprio si volesse usare il termine credenze per riferirsi all'accettazione di ciò che è già descritto nella letteratura scientifica, bisognerebbe sempre ricordarsi che si tratta di credenze controllabili in qualsiasi momento e cioè di tipo completamente diverso da quelle mitiche o religiose.

Poiché l'apprendimento sistematico è caratteristico dei mammiferi superiori e raggiunge il massimo grado nella nostra specie, si può ben dire che la scienza sia la più tipica specializzazione dell'uomo, cosi come il volo è quella degli uccelli e la vita in mare quella delle balene e dei delfini. Perciò, chi diffida della scienza, in ultima analisi, diffida dell'uomo e ritiene utopistica la fondazione di una società basata sulla piena attuazione delle principali peculiarità biologiche della nostra specie. Certo, è sempre possibile che chi dispone di una maggiore quantità di conoscenze sia tentato di usarle unicamente a suo vantaggio, contro l'interesse della maggioranza dei suoi concittadini, ma per sventare un simile pericolo, la migliore strada sembra essere quella di appropriarsi delle stesse cognizioni. Nel prossimo futuro, affinché le società sviluppate possano essere più democratiche, la gente dovrà comprendere sempre di più il metodo della ricerca scientifica e dovrà farne uso in misura molto maggiore di quanto non avvenga oggi. Certo, se ogni persona fosse allenata a giudicare le situazioni sulla base di dati oggettivi, ogni società diventerebbe molto meno manipolabile per mezzo della propaganda. Io credo che questo sia il motivo fondamentale che fa scendere in campo un numero tanto elevato di "pensatori" contro la scienza. D'altronde, se qualcuno ottiene successo personale offrendo all'umanità intera un sistema di verità prefabbricate, non ci si può attendere poi che manifesti un grande entusiasmo nei confronti della razionalità e del metodo sperimentale.

Purtroppo, è esperienza quotidiana che qualcuno decida di usare la tecnologia esistente a scopo aggressivo. Ciò può dar luogo a situazioni certamente deplorevoli, ma di cui non si può onestamente far carico alla scienza in se stessa, ma piuttosto alla carenza di principi morali di chi ha il compito di prendere le decisioni politiche. Anche una pietra, un bastone o una tinozza piena d'acqua possono costituire altrettante armi micidiali per chi è deciso a nuocere ad altri esseri umani. Del resto, è molto probabile che, quando gli uomini erano appena capaci di scheggiare la pietra e di accendere il fuoco essi uccidessero e facessero soffrire i loro simili molto di più di oggi.

Si deve invece riconoscere che la capacità di esercitare un controllo sempre maggiore sulla natura ha portato non solo a un grande miglioramento della possibilità della vita umana sul nostro pianeta ma anche a una maggiore moderazione e a una diminuzione di frequenza degli atti aggressivi. Sulla Terra, oggi, vivono più di cinque miliardi di esseri umani la cui stessa esistenza in vita, buona o cattiva che sia, dipende strettamente dall'uso della tecnologia: sementi selezionate, fertilizzanti, trasporto a lunga distanza e conservazione di cibo, produzione su larga scala di vestiario, distribuzione di acqua potabile, energia elettrica, gas combustibile, medicinali e via dicendo. Grazie a tutti questi beni e servizi, gli uomini sono soggetti, in media, a un tasso di mortalità molto minore di quello corrente in epoca pre-scientifica. È vero che il cattivo uso della tecnologia può tuttora essere causa di molta infelicità e di molte vittime, ma bisogna riconoscere che l'ignoranza e l'intolleranza religiosa hanno creato nel passato e creano tuttora situazioni incomparabilmente peggiori, con molte sofferenze inutili e perdite di migliaia di vite umane. Personalmente, sono convinto che, se gli uomini di oggi mettessero mano, non dico alle bombe atomiche, ma semplicemente alle pistole e ai fucili con la stessa facilità con cui i cacciatori del Paleolitico usavano le loro asce, la vita di ogni giorno sarebbe assolutamente infernale.

Nonostante tutto ciò, per molti, è facile la tentazione di rifiutare la scienza come qualcosa che, in pratica. appare incomprensibile quanto i sistemi filosofici dogmatici ma, rispetto ad essi, è molto meno attraente perché decisamente più avara di promesse per il futuro. I sistemi dogmatici offrono perfette architetture di pretese conoscenze e persino paradisi in cambio della semplice obbedienza e dell'autocritica in forma privata in caso di disobbedienza; la scienza non offre alcuna certezza e invita a trascorrere anni a studiare e a pensare non già per costruire un perfetto sistema di conoscenze ma unicamente per potere. aggiungere alcuni piccoli mattoni a un edificio che cerca di riflettere in qualche modo il funzionamento fisico del mondo ma non le ragioni della sua esistenza. La scienza non ha alcuna risposta a domande del tipo "chi siamo?" o "dove andiamo?" e tuttavia può affermare, senza tema di smentita, che nessuno, oggi può onestamente offrire tali risposte senza incorrere in una grave contraddizione interna. Infatti, la comunicazione oggettiva tra i diversi uomini presuppone l'accettazione del postulato di oggettività, l'esistenza del mondo reale, ma tale postulato è evidentemente incompatibile con quello dell'esistenza, complementare o alternativa, di un mondo ipotetico. Questo ragionamento è anche valido nei confronti di scienziati come Dawkins o Stewart-Williams, troppo insuperbiti, che si illudono di potere, con puri e semplici ragionamenti scientifici, escludere nientemeno che l'esistenza di Dio e di ogni possibile senso dell'esistenza umana dall'universo. A questi colleghi che hanno perso la necessaria modestia di ogni serio studioso vorrei ricordare che il nostro ruolo in qualità della professione che esercitiamo è di creare nuovi collegamenti tra gli oggetti e i concetti esistenti nel mondo reale ma mai e poi mai può essere quello di pretendere di spiegare il senso o la mancanza di senso del mondo. Questi sono problemi che stanno al di fuori della scienza e che quindi non possono né, per quanto oggi ne sappiamo, potranno mai essere affrontati per mezzo del metodo scientifico.

E tuttavia, l'obbedienza è meno costosa dello studio e della fatica, la convinzione di appartenere a un popolo o a un gruppo eletto è più gradita della solitudine, la critica non documentata contro chi ha studiato e lavorato per conoscere è molto meno faticosa dell'eventuale tentativo di emulazione. «La nostra epoca» ha scritto nel 1931 il filosofo Bertrand Russell «sostituisce sempre più il potere agli ideali primitivi, e ciò accade nelle scienze come in altre cose. Mentre la scienza, come conseguimento di potere, diviene sempre più trionfante, la scienza quale conseguimento di verità è uccisa da uno scetticismo generato dalla stessa abilità degli scienziati. Che questa sia una sventura non si può negare, ma io non posso ammettere che la sostituzione della superstizione allo scetticismo sia un miglioramento. Lo scetticismo può essere penoso e può essere arido, ma perlomeno è onesto ed è un risultato dell'indagine per la verità. Forse è una fase temporanea, ma non è possibile evitarla tornando alle credenze abbandonate di un'epoca più ingenua.»

Purtroppo, proprio a causa dello scetticismo che ha seminato, lo scienziato viene visto oggi con notevole diffidenza, come un uomo superspecializzato, capace di provocare esplosioni, di effettuare "vivisezioni" o magari di ibridare in provetta un topo con una capra, ma ignaro dei sentimenti e delle speranze degli uomini comuni. Un recente rilevamento effettuato negli Stati Uniti d'America sui personaggi dei teleromanzi televisivi ha permesso di constatare che solo un avvocato su quaranta è presentato come cattivo mentre si sale a un medico su diciannove e a uno scienziato su cinque. Nel 10% dei casi lo scienziato termina la sua carriera televisiva con una morte violenta destinata a rassicurare e ad ammonire il pubblico: voi non siete pagati per pensare e, del resto, a nessuno conviene una tale temeraria attività. Meglio credere, obbedire e, quando necessario, combattere.

15. L'ARCA NELLA TEMPESTA

Ora il sole è alto nel cielo e i cani si sono ritirati a riposare nella boscaglia che accompagna il corso del fiume. Li avevamo persi di vista, ma poi li abbiamo ritrovati per il trambusto che hanno provocato a un gruppo di elefanti con un piccolo. Quando i cani selvaggi sono passati nell'erba, a distanza un po' troppo ravvicinata dal branco che pascolava, una grossa femmina ha allargato improvvisamente le orecchie, ha alzato la proboscide e si è lanciata in avanti con un barrito impressionante: "*Andate via!*"

Poi, i cani si sono ritirati qualche centinaio di metri più in là, in una radura separata da un boschetto di acacie da quella occupata dagli elefanti. Qui si sono accovacciati in ordine sparso, mantenendo però la testa alta e le orecchie ben diritte. I cacciatori possono correre come frecce al vento e mordere come coltelli acuminati ma riposano con la serenità dei fanciulli e la spossatezza dei soldati scelti.

Cosi li abbiamo lasciati e siamo partiti in direzione sud-est, verso la località denominata Keekorok. Significa "alberi neri", mi ha spiegato il mio compagno di viaggio, e vi sorge il più importante e più antico *lodge* del Masai Mara. Laggiù, saremo vicinissimi al ponte sul fiume Olngainet che dà accesso alla parte tanzaniana della piana del Serengeti. Non passeremo di là, ma sarà bello gettare un colpo d'occhio verso l'orizzonte immenso di quella pianura erbosa. In ogni caso, a Keekorok potremo fermarci per un caffè, per acquistare prodotti di artigianato Masai, per dare un'occhiata intorno. C'è anche una pista aerea e, volendo, si potrebbe anche salire su un volo diretto per Nairobi. Dunque, abbiamo un programma e una meta, abbiamo un mezzo di trasporto a quattro ruote motrici, ma non stiamo prendendo parte a un viaggio come tutti gli altri. Su questi terreni piatti o ondulati dove milioni di anni fa ebbe anche origine la nostra specie, tra i grandi branchi di animali che da allora vi sono rimasti, ieri e oggi abbiamo evocato ricordi e formulato pensieri sul nostro passato, presente e futuro. È stato un viaggio molto diverso da tutti gli altri, un memorabile viaggio nella memoria.

La nostra specie è emersa lentamente dal buio alla piena coscienza attraverso un cammino evolutivo durato milioni di anni ma culminato in un processo di coevoluzione genetico- culturale assolutamente unico. «Prima dell'origine dell'uomo» hanno scritto Lumsden e Wilson «la savana africana era percorsa da numerose forme di elefanti, da iene, da scimmie. Nessuna riuscì a entrare nel circuito autoalimentante della coevoluzione genetico-culturale. Milioni di specie, attraverso centinaia di milioni di generazioni comprendenti innumerevoli miliardi di individui, poste di fronte a ogni concepibile sfida e opportunità ambientale, mescolando un numero astronomico di geni in esperimenti microevolutivi, tutto questo fermento è riuscito a sospingere esattamente una specie oltre la soglia, nell'ascesa auto-catalitica verso la cultura avanzata.»

Dunque, la nostra appartenenza alla biosfera, la nostra continuità sostanziale con tutte le altre forme di vita, è fuori discussione, ma parimenti certa è l'eccezionalità del processo biologico che ci ha generati. La nostra capacità di apprendere e di modificare ci ha consentito dapprima di popolare tutta la Terra e poi di compiere due grandi balzi in avanti rispettivamente con la rivoluzione agricola e con quella scientifica. Oggi, tuttavia, la rivoluzione scientifica deve ancora essere completata e i problemi ambientali hanno origine anche da questa situazione di transizione. È necessario imparare a usare in modo appropriato le tecnologie di cui già oggi disponiamo ed è necessario metterne a punto di nuove per poter tentare di gestire una situazione che non ha precedenti. Aumentando la possibilità di sopravvivenza degli uomini per mezzo delle tecnologie, la scienza ha permesso il secondo, grande balzo demografico dell'umanità; ora, solo un suo uso saggio potrebbe forse risolvere gli enormi problemi che questo balzo ha creato o acutizzato. E tuttavia, molte forze cieche, riemergenti da un brutale passato di incoscienza e ignoranza stanno tentando in ogni modo di impedirci questo passaggio e rigettarci indietro, nel caos e nella violenza.

Per contrastare in modo efficace questi drammatici problemi, innanzi tutto abbiamo urgentemente bisogno di mettere a punto un gran numero di nuove tecnologie pulite. La giornalista canadese Naomi Klein, nel suo ultimo libro *"This changes everything"*, ha parlato della urgente necessità di una rivoluzione mondiale.

Che cosa dovremmo fare? Dobbiamo riconoscere che la rotta intrapresa dal mondo occidentale, dopo la caduta di Gorbaciov e la dissoluzione dell'Unione Sovietica nella notte di Natale del 1991, è completamente sbagliata e rischia di provocare la nostra rovina. C'è un urgente bisogno di un'energica virata di bordo. Non solo i combustibili fossili hanno fatto il loro tempo e il cambiamento climatico da essi innescato ha iniziato a provocare drammatici disastri, ma c'è di più: la polarizzazione della ricchezza prodotta dal processo di privatizzazione selvaggia messo in moto dal gruppo occidentale dopo il 1991 ha prodotto non solo povertà e disoccupazione ma anche un preoccupante aumento di aggressività del gruppo occidentale che ha posto tutto il resto del mondo di fronte a un dilemma senza precedenti. Il mondo è letteralmente sull'orlo di un disastro e ancora manca persino una diagnosi ufficiale del suo male, intendo dire non una diagnosi di una singola persona illuminata ma una diagnosi collettiva, concordata, sofferta, che comporti una prognosi adatta al caso, vale a dire tutte quelle misure straordinarie e assolutamente aborrite dai plutocrati dominanti che sole ci possano salvare dal più grande disastro mai fronteggiato nella storia dell'umanità. È urgente sostituire i combustibili fossili ma è anche urgente ridistribuire la ricchezza globale che oggi è suddivisa in un modo inaccettabile: la maggior parte all'1% dei privilegiati che sta provocando tutto questo, i piccoli resti al 99% che lo sta subendo senza potere reagire; infine, è urgente ribaltare il clima di guerra fredda che irresponsabilmente l'occidente ha messo in moto contro la Russia con il pretesto assurdo dell'Ucraina. I paesi del mondo sono tutti in pericolo e i loro problemi politici ed economici devono essere risolti per mezzo di trattative e generose aperture, certo non con l'ingenuità disastrosa di Gorbaciov ma neppure con l'ostinazione bellicista e furiosa di troppa gente oggi al potere in occidente. Forse, però, è già troppo tardi anche per questo e la nascita del cosiddetto Stato Islamico è la conseguenza politica della cieca demenza occidentale, così come il cambiamento climatico ne costituisce la conseguenza fisica.

La situazione di oggi è enormemente più complicata di quella del 1990, quando l'ingenua buona volontà di Gorbaciov venne frustrata e ridicolizzata dalla brutalità ultra-capitalistica. Mai, nel corso della storia, il capitalismo si era dimostrato tanto stupido e tanto irresponsabile quanto lo fu nella risposta aggressiva alla disponibilità di quell'ingenuo e generoso leader. Quelle sue proposte di pace e di collaborazione erano utili, la loro trasformazione in fatti concreti era urgente e invece l'occidente rispose con l'allargamento della NATO, con una serie senza precedenti di aggressioni sanguinose ai paesi islamici, con una guerra furiosa e ugualmente sanguinosa contro la Jugoslavia, colpevole di rifiutare l'irresponsabile proposta occidentale di privatizzarsi e rinunciare al socialismo e, all'interno dei confini USA-UE-NATO, con il passaggio del comando supremo da una classe politica condizionata dal mondo della finanza al mondo stesso della finanza in prima persona. In America, la presidenza del paese è ridotta a un mero ruolo di burattino e in Europa la cosiddetta Unione altro non è se non un coordinamento coloniale in cui il comando reale è stato assunto dalle stesse istituzioni finanziarie nel febbraio 1992, solo due mesi dopo la caduta di Gorbaciov. Non si potrebbe immaginare qualcosa di meno adatto alle esigenze dei nostri tempi. Non si tratta tanto della mancanza di democrazia o di lavoro, si tratta della stupidità e dell'ignoranza con cui una istituzione di carattere oggettivamente biologico quale è un pianeta popolato da oltre sette miliardi di abitanti umani e da molti milioni di altre specie biologiche spesso necessarie per il suo corretto funzionamento viene invece gestito da questi plutocrati autonominati come se si trattasse di una delle loro società, finalizzate soltanto a spremere le risorse degli altri e impossessarsene senza avere la minima capacità né possibilità di gestirle correttamente e nemmeno di comprendere ciò che uno se ne potrebbe fare.

I normali cittadini non hanno la forza di reagire contro questo gigantesco crimine contro l'umanità ma in qualche modo questo deve essere

187

fermato. Le possibilità concrete se questo non sarà fatto sono varie: o un collasso del tipo di quello dell'URSS, legato in questo caso alle crescenti difficoltà di una economia di rapina, o un collasso generale legato ai disastri del cambiamento climatico o una riorganizzazione degli schieramenti in campo, legata a un cambiamento delle regole del gioco o a una nuova guerra mondiale. Questo non è un libro di fantapolitica e pertanto eviterò fantasiose proiezioni e ricostruzioni, anche perché dalla vita ho imparato che nella vita le cose che poi accadono davvero spesso sono ancora più incredibili di quelle che sembravano impossibili. Certo, l'unica cosa chiara è che in questo modo non sarà possibile procedere ancora per molto. Le istituzioni finanziarie hanno profondamente trasformato i paesi del cosiddetto blocco occidentale provocando la chiusura di migliaia di piccole aziende e sostituendole con poche grandi catene di produzione e vendita di beni e servizi che offrono opportunità di un lavoro, comunque piuttosto misero e mal pagato, a un numero enormemente inferiore di persone rispetto a quelle che trenta anni fa prosperavano nelle piccole e ben differenziate aziende familiari, ora spazzate via dalla sedicente "crisi". Questo sistema è stato denominato "neo-liberismo" dalla piccolissima minoranza che per mezzo di esso si è liberata da qualsiasi preoccupazione economica e che ora sta schiacciando con pieno successo il 99% dei propri concittadini mondiali, però a me sembra che sia più opportuno definirlo per quello che realmente è, *neoschiavismo*: la privatizzazione generale dei mezzi di produzione e persino dei mezzi che rappresentano risorse essenziali per la normale vita dei cittadini (acqua, energia elettrica, gas etc.) ha ridotto la vita di questi ultimi al livello di quella dei peggiori paesi autoritari del passato. Al cittadino brutalizzato da un potere stupido, ignorante e avido non interessa molto sapere se si tratti di un potere pubblico o privato, il cittadino capisce comunque che si tratta di un potere ingiusto, anzi violento a anche abusivo. Dico abusivo perché il sistema è stato "riformato" nel senso esattamente opposto a quello effettivamente necessario per dargli la possibilità di sopravvivere e a queste controriforme si sono aggiunte quelle intese ad ammortizzare ampiamente le possibili scelte degli elettori che non devono assolutamente capire ciò che sta succedendo e men che meno pensare di andare a toccare gli interessi dei padroni.

Così, mentre gli ingenui predicavano la necessità di una nuova cultura planetaria, mentre i romantici si affannavano a delimitare le aree protette di questo meraviglioso pianeta per salvare un gruppetto superstite di specie straordinarie, una genìa di gente rozza e pronta a tutto ha preparato tutte le premesse di una totale distruzione dell'umanità e, con essa, di una crisi quasi senza precedenti della biodiversità del pianeta Dico "quasi" perché crisi di questo ordine di grandezza vi furono nel passato, l'ultima della serie sessantacinque milioni di anni fa, forse messa in moto dal violento impatto di un asteroide che colpì la Terra in corrispondenza dell'attuale territorio del Messico. Si innalzò un'immensa quantità di polvere che oscurò il sole per un tempo molto lungo, tanto lungo da provocare l'estinzione dei dinosauri, tutti i numerosi dinosauri grandi e piccoli che popolavano il pianeta. Perché invece non siano anche scomparsi i piccoli rettili, gli uccelli e i piccoli mammiferi che a quei tempi esistevano è materia di profonde riflessioni nelle quali non tenterò di entrare. In ogni caso, a quei tempi gli esseri umani non esistevano ancora e i loro antenati insettivori non possedevano ancora mezzi per tramandare alle generazioni future l'orrore di quella esperienza.

Una guerra nucleare potrebbe provocare una crisi anche peggiore perché ben pochi sarebbero coloro che riuscirebbero a sfuggire alle radiazioni a lungo termine che seguirebbero le mortali deflagrazioni. Tutte le nostre passate preoccupazioni a favore del futuro delle tigri, degli oranghi o dei rinoceronti sembrerebbero molto futili agli eventuali superstiti umani, fortunosamente sopravvissuti a un'idiozia criminale tanto grande, per fortuna anche poco probabile, a meno di un vero e proprio incidente. Molto più probabile appare il peggioramento della crisi climatica che sta già esplodendo e che, una volta scoppiata in tutta la sua virulenza, nessuno riuscirà più a fermare e neppure semplicemente a mitigare. Come possiamo ancora sopportare di rimanere prigionieri di questi sedicenti leader, imbecilli più di chiunque altro esistito prima di loro? Il vero problema è che siamo troppo pochi a capire quanto tragica sia la nostra attuale situazione.

In lontananza è infine comparso un gruppetto di grandi alberi dal fogliame scuro. Ai bordi della nostra pista si posano in continuazione grossi storni dal piumaggio blu iridescente. Sui fili di una recinzione non so di che cosa volteggia leggero, splendido come una gemma, un gruccione dal petto color cannella.

Scivolano nel cielo file di grandi marabù, un airone dalla testa nera, un falco giocoliere.

Poi, improvviso e inaspettato, ecco un enorme uccello di metallo rilucente al sole. Ci appare di taglio mentre scende deciso, muovendosi quasi verso di noi. L'erba alta lo avvolge e lo inghiotte nel vuoto e nel silenzio.

"*Keekorok airstrip*" commenta laconicamente Ropiara Shieni.

Siamo arrivati alla fine del nostro viaggio.

Gli occhi mi si velano e improvvisamente mi sento scorrere il sangue e battere il cuore. Grande Spirito della prateria, ombra delle foreste e delle acque, liberaci dal male, aiutaci mentre navighiamo stringendo il timone nella tempesta, manda il tuo dolce vento e sospingi a un approdo di pace e di salvezza questa nostra meravigliosa arca di smeraldo.

BIBLIOGRAFIA

A.A.V.V., Nel Mondo della Natura. Enciclopedia Motta di Scienze Naturali, Federico Motta Editore, Milano, 1959-1963.

Beatrice d'Olanda, Prefazione a The World Wildlife Guide di Malcolm Ross-McDonald, Threshold Books Ltd., London, 1971.

Boitani Luigi — Argàno Roberto, Accademia e protezionisti: ciascuno ricopra il ruolo che gli compete, «Airone», n. 41, p. 21, 1984.

Brown Lester R., By bread alone, The Overseas Development Council, London, 1974. (Traduzione italiana: Di solo pane. Un piano di azione contro la fame nel mondo, Biblioteca della Est, Arnoldo Mondadori Editore, Milano, 1975.)

Brown Lester R. e altri, State of the World 1988. Rapporto sul nostro pianeta del Worldwatch Institute, 1988. (Edizione italiana: ISEDI Pettini, Torino, 1988.)

Campbell Bernard, Human Ecology, Aldine de Gruyter Publishing Company, New York, 1983.

Carbone Fabrizio, Casi verdi di bile, «Panorama», n. 1204, 14 maggio 1989.

Chiarelli Brunetto, Storia naturale del concetto di etica e sue implicazioni per gli equilibri naturali attuali, Problemi di bioetica (Suppl. di «Human Evolution»), 1, pp. 51-58, 1988.

Chierici Maurizio - Collart Odinetz Hervè, Salviamo l'Amazzonia, Supplemento n. 1 del «Corriere della Sera», pp. 40-85, 1989.

C.I.M.I. (Conselho Indigenista Missionario), Terra per i GuaJas, Ciclostilato in proprio, 1988.

Commoner Barry, Il cerchio da chiudere, Garzanti, Milano, 1987.

—, Intervento al convegno «Nord Sud: sviluppo sostenibile e protezione dell'ambiente», Dossier Ambiente n. 8, pp. 15-19, ottobre 1989.

Consiglio Carlo, NO alla caccia, Edizioni Sorelli, 1978.

Conti Laura, Che cos'è l'ecologia, Marotta, Milano, 1977.

—, Questo pianeta, Editori Riuniti, Roma, 1983.

Conti Laura - Lopez Nunes Fabio, Terra a rendere. Parchi e difesa della Natura, Ediesse, Roma, 1986.

Corbetta Francesco, Una lunga estate calda, «Natura e società», n. 2, dicembre 1987.

— Ecologismo, animalismo, ambientalismo, vegetarianesimo ed altre confusioni ideologiche, «Natura e società», n. 1, maggio 1988.

Crosby Alfred W., Ecological imperialism. The biological expansion of Europe, Cambridge University Press, 1986. (Traduzione italiana: Imperialismo ecologico. L'espansione biologica dell'Europa, Laterza, Roma-Bari, 1988.)

Curry Lindahl Kai, Conservare per sopravvivere. Una strategia ecologica, Rizzoli, Milano, 1973.

Davies Paul, L'universo che fugge, Oscar Mondadori, Milano, 1979. 258

Dawkins Richard, The selfish gene, Granada Publishing Ltd., St. Albans, 1978.

Dawkins Richard. The God delusion. Bantam Press, 2006

Diamond A.W. - Schreiber R.L. Attenborough D. – Prestt 1., Save the birds, ICBP & RSPB, 1987.

Dorst Jean, Avant que la nature meure, Delachaux et Niestlé, Neuchatel, 1965. (Traduzione italiana: Prima che la natura muoia, Muzzio, Padova, 1988.)

Douglas-Hamilton Oria, Non fermiamo l'elefante, «Natura», n. 7, pp. 44-57, 1989.

Eibl-Eibesfeldt Irenàus, Human Ethology, Aldine de Gruyter Publishing Company, New York, 1989.

F.A.O., La situation mondiale de l'alimentation et de l'agriculture 1986, F.A.O., Roma, 1987.

Fedele Francesco (a cura di), Gli antenati dell'uomo, Le Scienze, Milano, 1984.

Frankel O.H. - Soulè Michael E., Conservation and evolution, Cambridge University Press, 1981.

Gavazzi Egidio, Editoriale «Airone», n. 49, pp. 36-37, maggio 1985.

Guenzati Franco — Siniscalchi Sabina, Dossier Foreste, Supplemento al n. 234 di «Mani Tese», Milano, 1988.

IBASE (Instituto Brasileiro de Analises Sociais e Economicas), Carajàs, O Brasil hipoteca seu futuro, Achiamé, Rio de.Janeiro, 1983.

I.G.D.A., Il Milione - Enciclopedia di tutti i paesi del mondo, Istituto Geografico De Agostini, Novara, 1978.

Ippolito Felice (a cura di), Viaggio nel tempo. Evoluzione dell'uomo e preistoria, Le Scienze, Milano, 1977.

IUCN, World directory of national parks and other protected areas, IUCN, Morges, 1977. 259

Jaffe Hosea 1994. La Jugoslavia e il nuovo disordine mondiale. Jaca Book, Milano.

Klein Naomi 201. The shock doctrine Ebook

Klein Naomi 2014. This changes everything. Ebook

Kruuk Hans, La iena macchiata, brutta, cattiva e..., «Airone», n. 19, pp. 54-69, 1982.

Kuhn T.S., The structure of scientific revolution, The University of Chicago, 1962. (Traduzione italiana: La struttura delle rivoluzioni scientifiche, Einaudi, Torino, 1969.)

Lovelock J .E., Gaia, Oxford University Press, London, 1979.

Lumsden C.1. - Wilson E.O., Promethean fire, The President and Fellows 01' Harvard College, Harvard, 1983. (Traduzione italiana: Il fuoco di Prometeo, Arnoldo Mondadori Editore, Milano, 1984.)

Mannucci Anna, Il rapporto con gli animali: aspetti etici e riflessioni filosofiche nella cultura italiana del novecento, Tesi di laurea in Filosofia, Università degli Studi di Milano, 1988.

Massa Renato, Torna in libertà il cavallino delle steppe mongole, «Airone», n. 11, p. 16, 1982.

— 1983. Uccelli marini. Le grandi colonie del nord, «Airone», n. 21, pp. 40-57.

- 1984 Osservazioni inedite sul pappagallo più interessante del mondo, «Airone», n. 43, p. 34

— 1987. (a cura di), La natura nel mondo, voll. 1-24, Edizioni Futuro, Verona, 1984-1987.

— 1986. IUCN, cassaforte della natura, «Airone», n. 58, pp. 28-29.

— 1987. Una seria minaccia di estinzione, «Silva», n. 1, pp. 122-123.

- 1990. L'arca di smeraldo. Arnoldo Mondadori, Milano.

- 2013. Animalismo diversamente. Ebook di Amazon

- 2014. Capitalismo zoologico e comunismo privato. Ebook di Amazon.

Mc,Arthur Robert & Wilson E.O. 1967. The theory of island biogeography. Princeton University Press, New York.

McFarland David (a cura di), The Oxford companion to animal behaviour, Oxford University Press, London, 1987.

Monbiot George, The transmigration fiasco, «Geographical», vol. 61, n. 5, pp. 26-30, 1989.

Monod Jacques, Il caso e la necessità, Oscar Mondadori, Milano, 1970.

Moroni A., Fondamenti scientifici dell'etica ambientale, Problemi di bioetica (Suppl. di «Human Evolution»), 4, pp. 23-49, 1989.

Morris Desmond, The naked ape. A zoologist's study of the human animal, Desmond Morris-Jonathan Cape, London, 1967. (Traduzione italiana: La scimmia nuda, Bompiani, Milano, 1969.)

- Manwatching. A field guide to human behaviour, Elsevier, 1977. (Traduzione italiana: L'uomo e i suoi gesti. Arnoldo Mondadori Editore, Milano, 1978).

Myers Norman, The sinking ark, Pergamon Press, New York, 1979.

Nebbia Giorgio (a cura di), La biosfera, Le Scienze, Milano, 1976.

Odum Eugene P., Ecology, Holt, Rinehart and Winston Inc., 1963- (Traduzione italiana: Ecologia, Zanichelli, Bologna, 1966.)

Omodeo Pietro, Biologia, UTET, Torino, 1977.

Orr David 2014. Foreword. State of the world 2014, Worldwatch Institute

Padoa Emanuele, Storia della vita sulla Terra, Feltrinelli, Milano, 1959.

Passmore John, Man's responsibility for nature, Gerald Duckworth and Co. Ltd., London, 1974. (Traduzione italiana; La nostra responsabilità per la natura, Feltrinelli, Milano, 1986.)

Regan Tom 1983. The case of Animal rights. The University of California.

Rodriguez de la Fuente Félix (a cura di), Enciclopedia Salvat de la Fauna, Salvat S.A. de Ediciones, 1970. (Traduzione îtaliana: Gli animali e la loro vita, Istituto Geografico De Agostini, Novara.)

Russell Bertrand, The scientific outlook, George Allen and Unwin Ltd., London, 1931. (Traduzione italiana: La visione scientifica del mondo, Laterza, Roma-Bari, 1988.)

Salvatori Nicoletta, Parchi nazionali, punto e a capo, «Airone», n. 54, pp. 50-57, 1985.

Scruton Roger 1996. Animal rights and wrongs. Continuum International Publishing Group

Shastri J .L., Jainism and its fundamental principles, Shri Dataram Dharmarth Trust, Delhi, 1982.

Sheail John, Nature in trust. T712 History of Nature Conservation in Britain, Blackie, Glasgow & London, 1976. "

Singer Peter 1976. Animal Liberation, Jonathan Cape Ltd.

Singer Peter (a cura di), In defence of animals, Basil Blackwell Publisher Ltd., Oxford, 1985. (Traduzione italiana: In difesa degli animali, Lucarini, Roma, 1987.)

Soliani L. - Lucchetti E., Sviluppo demografico e allocazione delle risorse, Problemi di bioetica (Suppl. di «Human Evolution»), 4, pp. 3-21, 1989.

Stewart-Williams Steve 2010. Darwin, God and the meaning of life. Cambridge University Press, London

Stornaiolo Ugo, Homo demens. Antropologia dello sterminio, «Quaderni di Terzo Mondo», Centro Studi Terzo Mondo, Milano, 1984.

Stuart Mill John 1987, Essays on religion, Longmans, Green and Co., London, 1885. (Traduzione italiana: Saggi sulla religione, a cura di Ludovico Geymonat, Feltrinelli, Milano.)

Thomas Keith, Man and the natural world. Changing attitudes in England 1500-1800, Penguin Books, 1984.

Terragni Fabio, I nemici degli animali. «La Nuova Ecologia», pp. 34-37, luglio 1989.

Thompson William Irvin (a cura di), Gaia: a way of knowing, The Lindisfarne Association Inc., 1987. (Traduzione italiana: Ecologia e autonomia, Feltrinelli, Milano, 1988.)

Todeschini Roberto (a cura di), Storia, filosofia e politica della scienza, Atti del Seminario, Milano, 1979. Clup-Clued editrice, Milano, 1980.

Triolo Lucio, Agricoltura, energia, ambiente, Libri di base n. 129, Editori Riuniti, Roma, 1988.

Van Lawick-Goodall Jane, L'ombra dell'uomo, Rizzoli, Milano, 1974.

Vogel Gunter - Angermann Hartmut, DTV Atlas zur Biologie, Deutscher Taschenbuch Verlag Gmbh und Co. KG, Munchen, 1967. (Traduzione italiana: Atlante biologico Garzanti a cura di Giulio Lanzavecchia, Milano, 1971.)

Watson James, Le frontiere della genetica, Problemi di bioetica (Suppl. di «Human Evolution»), 1, pp. 19-24, 1988. White Lynn, The historical roots of our ecological crisis, «Science», n. 155, p. 1204, 1967.

Wilson E.O., Diversità biologica in pericolo, «Le Scienze», n. 255, pp. 56-62, Milano, 1989.

Ziswiler Vinzenz, 1965. Bedrohte und Ausgerottete Tiere, Springer- Verlag, Berlin Heidelberg.